U0289217

国家自然科学基金项目"能源安全和生态环境约束下区域农业生物质能经济总量模型与补偿机制研究"（项目编号：71573026）课题研究成果

QUYU ZHUYAO NONGYE SHENGWU ZHINENG
SHENGTAI JINGJI ZONGLIANG YU BUCHANG JIZHI YANJIU

区域主要农业生物质能
生态经济总量与补偿机制研究

刘　贞／著

西南财经大学出版社

四川·成都

图书在版编目(CIP)数据

区域主要农业生物质能生态经济总量与补偿机制研究/
刘贞著.—成都:西南财经大学出版社,2020.11
ISBN 978-7-5504-4575-8

Ⅰ.①区… Ⅱ.①刘… Ⅲ.①秸秆—生物能—能源利
用—研究—中国 Ⅳ.①S216.2

中国版本图书馆 CIP 数据核字(2020)第 188446 号

区域主要农业生物质能生态经济总量与补偿机制研究
刘贞 著

责任编辑:向小英
封面设计:墨创文化
责任印制:朱曼丽

出版发行	西南财经大学出版社(四川省成都市光华村街 55 号)
网 址	http://www.bookcj.com
电子邮件	bookcj@foxmail.com
邮政编码	610074
电 话	028-87353785
照 排	四川胜翔数码印务设计有限公司
印 刷	四川五洲彩印有限责任公司
成品尺寸	155mm×230mm
印 张	11
字 数	160 千字
版 次	2020 年 11 月第 1 版
印 次	2020 年 11 月第 1 次印刷
书 号	ISBN 978-7-5504-4575-8
定 价	68.00 元

前　言

　　从长期来看，随着化石能源的日渐枯竭，我国仍存在能源安全问题。生物质能的开发利用不仅能够缓解能源危机，而且能够有效解决由化石能源消费所引起的环境问题。我国作为农业大国，农作物秸秆资源丰富。农作物秸秆具有低成本、易获取等特点，已经成为发展生物燃料的主要原料之一。与此同时，合理的秸秆还田能够有效地防止水土流失、增加土壤有机质含量。由此可见，农作物秸秆具有非常可观的能源效益和环境效益。

　　本书对区域主要农业生物质能生态经济总量与补偿机制进行了研究，研究路径如下：

　　首先，为有效评估我国可能源化秸秆资源的技术经济生态总量，从防止水土流失、增加土壤有机质和农作物长期产量角度，提出了土壤生态最小保留量的概念，并采用文献调研和情景设计法，设计了三种土壤生态最小保留量情景。在此基础上，结合未来农作物单位面积产量、播种面积、种植结构和秸秆用途，计算出可利用秸秆资源的生态总量和不同区域秸秆资源密度。其次，通过文献调研法，对秸秆能源化项目的经济参数进行设计，结合区域秸秆资源密度，对不同秸秆能源化项目在不同区域的最大经济收集半径和技术经济收集量进行评价。最后，比较秸秆能源化项目理论秸秆量和技术经济收集量，整理出不同秸秆能源化项目最终可利用秸秆资源的技术经济生态总量。

研究发现：

（1）在低、中、高土壤生态保留量的情景下，2030年可能源化秸秆资源的生态总量分别为22 795.79万吨、13 717.95万吨和7 756.19万吨，平均秸秆资源密度分别为172吨/平方千米、103吨/平方千米和58吨/平方千米，可利用秸秆资源主要分布在河南、山东、黑龙江、四川等地。此外，随着时间的推移，可利用秸秆资源会在空间上发生转移。

（2）受区域可利用秸秆资源密度、项目规模、项目类型、项目成本及收益等影响因素的制约，不同规模和不同类型的秸秆能源化项目在不同区域的最大经济收集半径存在较大差异。由于受项目成本及收益的影响，所有情景中的纤维素乙醇项目均不具有经济性，其在不同情景下不同区域的最大经济收集半径均为0，纤维素乙醇项目在不同土壤生态最小保留情景下的最终可能源化秸秆技术经济总量均为0。

（3）在可利用秸秆资源技术经济生态总量方面，在现有技术水平和政策激励强度下，在低土壤生态最小保留量情景中，当ROI＝0时，发电类项目和年产1万吨燃料成型项目在全国范围内经济技术均可行，最终可利用秸秆资源总量均为22 795.79万吨，而年产5 000吨燃料成型项目可利用秸秆资源总量为1 762.62万吨；在中土壤生态最小保留量情景中，当ROI＝0时，发电类项目和年产1万吨燃料成型项目可利用秸秆资源总量均为13 717.95万吨，而年产5 000吨燃料成型项目可利用秸秆资源总量为2 837.25万吨；在高土壤生态最小保留量情景中，当ROI＝0时，发电类项目和年产1万吨燃料成型项目可利用秸秆资源总量分别为7 753.04万吨、7 754.42万吨、7 754.42万吨和7 756.19万吨。此外，随着ROI的提高，秸秆能源化项目最终可利用秸秆资源总量会急剧下降。

为促进我国秸秆能源化产业发展，在秸秆资源开发方面，可优先考虑河南、黑龙江、新疆、山东等地；在建设区域农作物秸秆集散基地、农业生物质能开发利用产业基地、大型秸秆直燃发电基地等大型综合农业生物质能开发项目方面，可优先考虑东北和华中区域。在政策方面，可适当减小对年产1万吨燃料成型项目的补贴力度，加大发电类项目的补贴力度，并降低政策激励门槛；在生物质能产业布局方面，可优先发展年产1万吨秸秆燃料成型项目，其次考虑规划建设25兆瓦秸秆直燃发电项目和12兆瓦秸秆气化发电项目，最后考虑规划建设6兆瓦秸秆直燃发电项目和年产5 000吨燃料成型项目。

本书是国家自然基金项目"能源安全和生态环境约束下区域农业生物质能经济总量模型与补偿机制研究"（项目编号：71573026）的成果之一。本书的出版受重庆理工大学优秀学术著作出版基金资助。

本书是项目组成员刘贞、朱开伟、徐德会等共同努力的结果，感谢项目组成员为本书所付出的艰辛努力。本项目研究期间得到中国社会科学院王国成教授、重庆大学周滔教授的大力帮助，也得到重庆理工大学提供的大力支持和帮助，还得到相关合作单位的通力配合与支持，在此表示感谢。此外，本书在写作过程中参考和借鉴了诸多学者的观点和研究成果，在此一并表示感谢。

编　者

2020年7月

目　录

1 绪论

1.1 研究背景

随着传统化石能源的日益枯竭，新能源的开发利用势在必行。据联合国能源署研究预测，到 2050 年生物质能将占全球能源消费总量的 50% 以上，可见生物质能将成为未来能源消费的重要组成部分。生物质能的开发利用，将改善我国能源消费结构，有助于缓解我国全球气候谈判的压力，同时增加新的经济增长点。由此可见，生物质能的开发利用不仅是保障国家能源安全的战略途径，也将对我国经济转型、能源安全、国际形象产生深远的影响。

（1）生物质能将成为未来能源的重要组成部分，开发生物质能是改善能源结构、保障国家能源安全和实现低碳发展的战略途径。

我国能源安全问题尤为突出，2012 年我国石油、天然气的对外依存度分别达到 58% 和 30%。预计到 2035 年我国能源整体对外依存度将上升至 23%，石油的对外依存度将上升至 75%，届时，我国的国家安全和能源安全将受到更大的威胁。因此，开发生物质能满足能源需求已成为国际共识。早在 2009 年，欧盟可再生能源消费总量的 68.6% 来源于生物质能；2010 年，巴西燃料乙醇就已替代了全国 50% 的汽油消费量；2013 年，美国燃料乙醇产量已占世界燃料乙醇总产量的 56.77%；此外，在大力发展生物质能的同时，部分国家也制定了未来生物质能发展的战略规划。美国生物质能发展规划指出，相对于 2000 年，2020 年生物质能和生物质化工产品的消费将增加 20 倍，占能源消费的 25%，到 2050 年将达到 50%；欧盟战略能源技术计划（SET）中提出，到 2020 年整个运输领域能源消耗的 10% 要来自生物质燃料；澳大利亚可再生能源目标（RET）中指出，到 2020 年包括生物质在内的可再生能源电力占总供应的 20%。

（2）我国农作物剩余利用不足，导致资源浪费、土壤生态破坏和环境污染，为生物质能可持续发展带来隐患。

目前，我国可利用生物质主要包括林业木质剩余物、农作物秸秆、农产品加工剩余物、禽类粪便和有机废水等。与林业木质剩余物、禽畜粪便等生物质相比，农作物秸秆在空间上分布相对集中，具有易收集、成本低等特点，已成为发展生物质能的重要原料之一。农作物剩余具有巨大的能源效益和环境效益，据联合国能源署研究预测，到 2050 年生物质能将占全球能源消费总量的 50% 以上。我国作为农业大国，农作物剩余和农副产品产量巨大。据统计，我国现有生物质能 4.6 亿吨标准煤，其中，约有 4.38 亿吨标准煤还未被开发利用。我国农作物秸秆利用不足。我国每年有 7 亿吨农作物秸秆的有效利用率不足 50%，造成严重的资源浪费，为秸秆的可持续发展带来隐患。同时，农作物秸秆还田后具有防止水土流失，提高土壤肥力、农作物长期产量，综合土壤酸碱度等作用。而我国受水土流失危害的耕地约占总耕地的 1/3，同时农业施肥过量程度已达50%。2012 年，我国平均化肥施用量高达 390 千克/公顷，高于发达国家公认安全水平 225 千克/公顷。化肥的过量使用，给我国水体带来了严重的污染。与此同时，近年来由农作物秸秆露天焚烧而引发的雾霾等环境问题也屡见不鲜。

（3）国家出台相关政策，拟加大农作物剩余利用补偿力度，推动生物质能产业发展。为提高农作物剩余利用率，2013 年 5 月底，《国家发展和改革委员会、农业部、环境保护部关于加强农作物秸秆综合利用和禁烧工作的通知》要求"加大对农作物收获及秸秆还田收集一体化农机的补贴力度""研究建立秸秆还田或打捆收集补助机制"。这些激励政策将大大提高农户正确处理秸秆的积极性，有利于生物质能企业解决原料保障难题，使秸秆收集逐渐常规化、规模化。在生物质能规划方面，我国先后颁布了《中华人民共和国可再生能源法》《生物质能发展"十二五"规划》《财政部 国家发展改革委

农业部 国家税务总局 国家林业局关于发展生物能源和生物化工财税扶持政策的实施意见》《可再生能源发展专项资金管理暂行办法》等系列法律法规。这些政策措施将促进农作物秸秆的开发利用，有利于生物质能可持续性发展。

综上，合理利用农作物秸秆资源，促进生物质能可持续发展，是实现国家能源安全与生态环境双重约束目标的重要途径之一。

1.2 研究意义

本书的学术价值与现实意义主要体现在以下五个方面：

（1）本书拟为科学计算区域农作物秸秆土壤生态需求量提供依据。农作物秸秆还田后具有防止水土流失、提高农作物长期产量等作用。确定合理的农作物秸秆保留量，不仅有利于农业生态环境保护，也有利于农作物秸秆资源的可持续开发。本书从防止水土流失、维持土壤有机质水平或土壤有机碳含量和提高农作物长期产量角度，对农作物秸秆的生态保留量进行了扩展研究，并在秸秆生态还田的理论基础上提出了土壤生态最小保留量的概念。本书的研究结论对保护耕地土壤生态环境、确定可能源化秸秆资源的生态潜力具有重要的现实意义。

（2）本书拟从机制设计、政府补贴和价格决策角度，解决生物质能生产企业秸秆收集不足的问题。考虑政府、企业、农民行为异质性，对农民在劳动力市场和生物质能市场中的决策进行建模，构建基于多主体的生物质能生态补偿机制仿真平台。运用该仿真平台研究农民行为异质性对生物质原料收集量的影响。

（3）本书拟给出区域主要农业生物质能经济生态总量计算方法。与传统能源相比，生物质能开发还处于起步阶段，市场规模小。本书拟在主要农作物生物质能生态开发的基础上，考虑技术进步、激励政策、项目收益等因素的影响，从项目（企业）层面对不同技术进步、激励政策强度和项目收益水平下，区域可能源化秸秆资源的技术经济生态总量进行研究。本书对分解区域农业生物质能经济生态总量目标，以及制定秸秆能源化利用的战略规划和产业布局，均有着重要的现实意义。

（4）本书拟建立一种考虑农民行为异质性的生物质能直接生态补偿机制。当前，我国生物质能补偿机制主要是对生物质能替代传统能源的成本差额进行补贴，而从行为异质性角度，对所涉及利益主体进行补贴的相关研究较为少见。不同类型农民对秸秆收集量有着较大的影响，考虑不同类型农村居民对时间与工资的偏好，构建决策模型，设计仿真情景，研究生物质能直接补偿可开发量。本书拟基于现有补偿机制，从行为异质性角度，考虑农业生物质能开发所涉及的利益主体，设计政府主导下的生物质能生态补偿机制。

（5）本书拟提出生物质能中间收购商收购模式，以及政府对中间收购商进行间接补偿的机制。对直接采购模式、中间收购商收购模式以及政府补贴下中间收购商收购模式进行情景设计与仿真分析，研究分析采购模式的选择与政府补贴的额度对生物质原料可开发量的影响，以提出最优采购方式及最佳补贴额度。

1.3　研究内容与研究方法

1.3.1　研究内容

本书的主要内容包括：

第1章，绪论。本章阐述本书的研究背景、研究意义，并介绍本书的研究内容、研究方法以及技术路线。

第2章，文献综述。本章主要从可能源化秸秆总量评价、秸秆生态还田、农业生物质能生态补偿机制研究、农业生物质能多主体建模仿真以及异质性研究五个方面对现有文献进行梳理。在可能源化秸秆总量方面，分别从秸秆理论量和可获量以及可能源化秸秆经济总量评价两个方面进行了阐述。在秸秆生态还田方面，分别介绍了国外研究现状和国内相关研究现状。农业生物质能生态补偿机制研究主要从直接补偿机制、间接补偿机制与生态补偿标准方面进行阐述。农业生物质能多主体仿真主要从土壤因素、秸秆用途与农民处置行为方面进行阐述。在建模异质性研究方面，分别阐述了国内研究现状与国外研究现状。

第3章，区域可能源化秸秆技术经济生态总量评价模型。本章主要对区域可能源化秸秆技术生态经济总量的计算进行了数学建模，分别从区域可能源化秸秆生态潜力、区域可能源化秸秆资源密度、区域秸秆最大经济收集半径和区域可能源化秸秆技术经济生态总量四个角度进行了分析说明。

第4章，农业生物质能生态补偿机制仿真平台构建。本章主要包含两个部分：一部分分别对农民决策、秸秆交易量及农民总收益、秸秆原料定价、政府补贴进行数学建模；另一部分则是仿真平台搭建，主要有平台框架、仿真流程设计以及环境变量的设置。

第5章，模型相关主要计算参数及发展情景设计。本章主要结合数理模型，分别对土壤生态最小保留量、区域主要农作物播种面积、区域主要农作物单位面积产量、种植结构、草谷比、秸秆用途比和秸秆能源化项目参数进行了设计。在发展情景方面，从政策激励、技术进步和企业受益率三个维度设计了12种发展情景。

第6章，区域主要农作物可能源化秸秆生态潜力。本章的内容在全书起到承上启下的作用。首先，根据第3章和第4章的内容，对区域可能源化秸秆的生态潜力进行评价；其次，计算出区域可能源化秸秆生态资源的资源密度等，为本章的计算提供支撑。

第7章，区域主要农作物可能源化秸秆技术经济生态总量。本章主要是在0、5%和10%的年投资收益率下，对不同秸秆能源化项目可能源化秸秆技术经济生态总量进行评估。

第8章，农业生物质能直接补偿机制设计研究。本章主要结合数理模型，对生物质能直接补偿可开发量进行仿真。在情景设计方面，从行为异质性、运输成本两个维度设计了四种发展情景。对四种仿真结果进行比较，分析在同一政府补贴额度、不同运输成本下，考虑农民行为异质性与不考虑农民行为异质性对生物质能可开发量的影响。

第9章，农业生物质能间接补偿机制设计研究。对间接补偿机制的研究，主要是对农民、中间收购商、生物质发电厂以及政府的决策进行分析建模，然后进行情景设计与仿真，对直接采购模式、中间收购商收购模式、在政府补偿和中间收购商收购模式下生物质原料采购量进行比较，选取最优收购方式以及最佳补偿额度。

第10章，结论与建议。本章对本书的研究成果进行总结，并提出发展建议。

1.3.2 研究方法

本书的研究方法主要包括文献综述、实地调研，工程经济学方法，多主体建模、情景分析方法，经济学仿真方法，具体如图1.1所示。其中，采用文献综述和实地调研对土壤生态最小保留量进行设计，对生态补偿理论、行为异质性和生物质原料收集情况进行研究；采用工程经济学方法求解区域主要农作物生物质能经济生态潜力评价模型；运用多主体建模、情景分析方法，设计各种农作物秸秆开发情景，并对政府、生物质发电厂、中间收购商和农民的行为决策进行求解；采用经济学仿真方法对主要农作物生物质能开发情景进行经济仿真分析，并依据经济仿真结果提出相关政策建议。

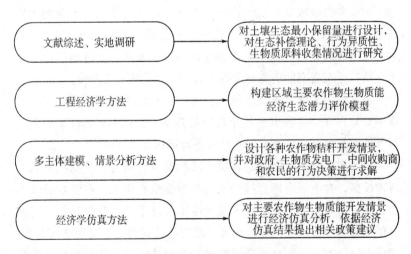

图 1.1　主要研究方法

1.4　技术路线

本研究的技术路线为：

（1）土壤生态最小保留量设计和生态补偿机制仿真平台构建。采用文献调研、专家走访等方法，分析不同农作物秸秆还田量与水土流失、土壤有机质或有机碳和农作物长期产量的关系，据此设计不同农作物土壤生态最小保留量，并获取生态补偿机制、多主体建模仿真和行为异质性之间的相互关系，据此构建仿真平台，以便于生态补偿机制的研究。

（2）区域主要农作物生物质能技术经济生态总量模型构建。在土壤生态最小保留量的基础上，考虑农作物秸秆的工业用途、饲料用途、燃烧用途等，结合技术进步和政府政策对农业生物质能开发的影响，构建区域主要农作物生物质能经济生态总量模型。

（3）采用情景分析方法，针对不同农业生物质能开发补偿的强度以及技术进步程度，设计四种不同的发展情景。

（4）考虑行为异质性的农业生物质能直接补偿机制设计与仿真研究。在生态补偿机制仿真平台上设计两种不同运输成本下，是否考虑农民行为异质性的四种情景，对生物质能直接补偿可开发量进行仿真研究。

（5）在农业生物质能间接补偿机制设计与仿真研究中设计四种情景，对生物质能间接补偿机制可开发量进行仿真研究。

（6）采用经济学仿真的方法，对不同发展情景进行仿真，从而检验政策可实施性及有效性；利用不同政策的比较结果设定起始的发展政策情景，并在此基础上不断进行调整，从而给出促进农业生物质能生态开发及补偿的相关政策建议。具体研究技术路线如图 1.2 所示。

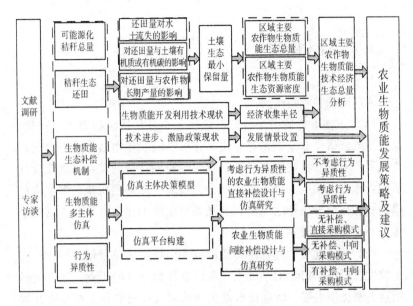

图 1.2　技术路线图

2 文献综述

2.1 可能源化秸秆总量评价

2.1.1 秸秆理论量和可获量评价

正确评估秸秆资源总量是秸秆能源化利用的基础，是实现农业生物质能发展目标分解和产业战略规划的前提。起初，可能源化秸秆资源总量评价是采用秸秆理论产量计算模型来近似估计的，即采用基准年农作物经济产量乘以草谷比系数。例如：郑雄等人采用该方法评估了南宁市农业生物质资源存量，发现其秸秆资源总量约为330万吨；Niclas 等人评估了 227 个国家大麦、玉米、水稻、大豆、甘蔗和小麦的秸秆资源总量，认为全球可能源化秸秆总量每年约为65 艾焦。

在此基础上，部分学者对秸秆理论产量计算模型进行了拓展研究，考虑农作物秸秆可采集率和秸秆的主要用途，对秸秆资源进行综合评价。例如：邢红等人利用草谷比、收集系数、折标系数、副产物系数，估算南通市每年秸秆、农业加工副产品等农业生物质能总量约为 105 万吨标准煤；米锋等人考虑不同农作物产量、草谷比和秸秆收集系数，测算内蒙古通辽地区农作物秸秆理论量为 601.73万吨，可收集量为 567.52 万吨；Chandra 等人采用能流图方法，考虑农作物产量、农作物秸秆收集率和主要用途等因素，测算 2003—2012 年农业生物质能潜力约为 72.67 帕焦；田宜水等人考虑不同农作物草谷比和秸秆的燃料、肥料、饲料及工业等用途，对我国农业生物质

能进行评估，认为我国主要农作物秸秆可能源化利用资源量约为
3.44 亿吨标准煤。

在上述基础上，有些文献从土壤生态角度，结合土壤类型和农
作物耕种方式，考虑土壤功能对农作物剩余的需求量或设计不同秸
秆还田比，对生物质能可利用量进行计算。例如：朱开伟等人采用
情景分析法，设计了低还田比情景、中还田比情景和高还田比情景，
并计算出在这三种情景下可能源化秸秆资源量分别为 1.86 亿吨标准
煤、0.93 亿吨标准煤和 0.15 亿吨标准煤；Ji 认为秸秆还田比应取
30%，并结合神经网络计算出 2015 年我国农业生物质能开发潜力约
为 9.308 帕焦；Zhengxi 等人调研得到在免耕、保护耕种和传统耕作
方法下的土壤玉米秸秆需求量分别为 5.13 吨/公顷、6.17 吨/公顷
和 7.21 吨/公顷，并计算出美国玉米秸秆的可利用量为 68.7 百
万~132.2 百万吨；Graham 等人考虑玉米秸秆对水土流失的影响，通
过对不同文献的玉米秸秆保留量数据取均值，计算得到美国玉米秸
秆每年可利用量约为 5 400 万吨。

2.1.2 可能源化秸秆经济总量评价

在上述研究的基础上，有些文献还考虑到农业生物质的采集费
用、加工技术、能源转换技术、开发成本等因素对生物质能经济总
量的影响。但由于具体技术和评价内容不同，经济总量的评价结果
差异较大。例如：Stephen 等人采用 IBSAL 动态模型和情景分析方
法，考虑运输成本和交易成本，计算加拿大亚伯达平河地区农作物
剩余可采集量为 5 万~50 万吨；Monique 等人采用基于网格数据的区
域分析法，对不同网格区域的生产力水平和劳动力投入成本进行设
计，研究发现当生产成本低于 2 美元/吉焦时，全球荒地和可复耕耕
地每年可提供 130~270 艾焦生物质能；Sun 等人考虑单位采购成本、
运输成本和收集成本，运用博弈模型和蒙特卡罗模拟方法，对山东
省生物质能发电机组进行研究，发现价格联盟有利于提高农作物剩
余使用率。

有些文献在技术评价的基础上，考虑激励政策、碳排放因素对
农业生物质能可开发潜力的影响。例如：Roy 采用情景分析法研究影

响生物质乙醇技术成本的主要因素，认为通过技术进步，增大激励强度和提高主体参与度，可使技术成本由 13.755 万元/立方米下降到 8.854 万元/立方米；Dassanayake 考虑资源潜力、发电厂规模、直燃技术等因素，构建数据密集型技术经济模型，对小黑麦秸秆直燃发电技术进行评价，认为其最佳发电规模和技术成本分别是 595 兆瓦和 75.02 美元/兆瓦时；李虹等人考虑经济、技术、资源和环境等因素，运用结构优化模型研究认为 2020 年我国生物质能最优占比应为 10%。

2.2 秸秆生态还田

2.2.1 国外研究现状

为促进农业生物质能可持续发展，需要考虑农作物剩余物对维护土壤功能和农作物长期产量的影响。相关研究表明，农作物剩余物具有防风蚀、水蚀、土壤板结，维护土壤有机质和植物营养均衡等功能。1979 年，Larson 开创性地运用通用土壤流失方程对农业剩余物保留量与土壤流失之间的关系进行研究。20 世纪八九十年代能源安全问题不突出，使得人们忽视了对农作物剩余物的开发利用，造成时隔 20 年后才有学者陆续对农作物秸秆保留量进行研究。2002 年，Nelson 运用美国自然资源保护局提出的风蚀方程（Wind Erosion Equation，WEQ）和通用土壤流失修正方程（Revised Universal Soil Loss Equation，RUSLE）对 Larson 的研究进行了扩展，从防止风蚀和土壤流失的角度，研究不同土壤类型下玉米秸秆和小麦秸秆的生态保留量。2004 年，Nelson 等人利用该模型研究了五种不同轮种方式的农作物剩余物生态保留量。

与此同时，国外也有相关研究人员结合 RUSLE 和风蚀预测系统（WEPS），或者单独采用 RUSLE 和 WEPS，对农作物剩余物生态保留量进行研究。另外，也有部分学者采用土壤侵蚀和生产力影响估算模型（Erosion-Productivity Impact Calculator，EPIC）、农业政策与环境扩展（Agricultural Policy/Environmental eXtender，APEX）模型和土壤功能模型（Cornell Soil Health Test，CSHT）对农作物剩余物保留量进行研究。然而，这些研究主要集中对具体案例进行分析，忽略了对具有实用性的大规模秸秆保留量的预测。此外，这些研究多集中分析特定环境下的可持续性问题。下面对这些模型进行综述：

RUSLE 主要考虑天气、土壤聚合度、地表湿度、耕作方式和农作物剩余等因素对土壤流失的影响。这些数据都是从不同数据库中查询，然后输入 RUSLE。RUSLE 广泛用于农田、牧场、林地的规划，部分学者成功运用 RUSLE 对水蚀过程模拟，部分学者考虑了植被覆盖与管理因素，研究不同耕种方式对土壤生态的影响；WEPS 是从风向和风力角度对风蚀过程进行仿真，考虑气候、土壤聚合度、地表湿度、土地面积、农作物轮作方式和秸秆保留量等因素。部分学者对农田风蚀量进行仿真研究，或者研究耕作方式对土壤风蚀量的影响；EPIC 模型主要研究局部区域土壤流失对农作物产量的影响，部分学者采用 EPIC 模型研究耕作方式对土壤有机碳含量的影响。APEX 模型是 EPIC 模型的扩展，考虑水（包括地下水和水库）、沉积物、营养物质和杀虫剂等影响因素，对整个耕种过程和小型流域进行仿真。部分学者采用 APEX 模型研究玉米—大豆轮种方式对土壤和水质的影响；土壤功能模型（CSHT）以美国自然资源保护局所给的土壤条件指数为依据，研究收割和耕作方式对土壤有机碳的影响。部分学者已运用土壤条件指数对流域土壤质量进行评估。

2.2.2　国内研究现状

从国内已有秸秆还田的相关研究文献来看，早期研究主要介绍了秸秆还田能够使农作物产量提高这一劳作经验，该阶段主要集中在 1972—1990 年。如 1989 年张广才通过长期的试验发现，合理的农作物秸秆还田可提高粮食单位面积产量。由于发现农作物秸秆还田带来的农业效益，越来越多的研究者开始关注秸秆还田。随后，研究者以农作物增产为切入点，研究了秸秆还田产生的经济效益、秸秆还田技术和操作流程，并出现极少部分采用定量方法分析研究秸秆还田对土壤理化性状的影响，该阶段主要集中在 1991—2005 年。

2005 年后，国内关于秸秆还田的研究文献快速增长。从研究内容上来看，虽然仍有部分文献研究秸秆还田的工艺技术等，但大部分文献采用田间随机试验或试验模拟的方法，从土壤有机质含量、全 N 含量、全 P 含量、速效 P 含量等角度，就不同秸秆还田量对土壤肥力和农作物产量的影响进行研究。张静等人通过田间随机区组设计试验，研究了不同玉米秸秆还田量对冬小麦产量的影响，发现玉米秸秆还田量为 9 000 千克/公顷时可使冬小麦增产 7.47%；刘义国等人采用对照试验研究了不同秸秆还田量对农作物产量的影响，发现当秸秆还田量为 6 000 千克/公顷时可使小麦产量最大；余延丰等人研究发现秸秆在下季作物上原位还田，并辅以快速腐解菌，能明显提高作物产量。

在上述研究的基础上，也有部分学者研究了不同土壤类型、不同轮种方式和不同还田方式下，不同秸秆还田量对土壤肥力和农作物产量的影响。例如：赵士诚等人采用肥料定位试验，分析了长期秸秆还田对华北潮土肥力和农作物产量的影响；孙星等人从土壤全 N 含量、全 P 含量和速效 P 含量等角度，分析了秸秆还田对乌栅土土壤肥力的影响；李玮等人研究了秸秆还田配合施用氮肥对小麦-夏玉米连作的土壤理化性质和农作物产量的影响。

与此同时，也有部分文献研究了秸秆还田对温室气体排放以及对土壤中小动物群落和微生物的影响，如李成芳等人通过研究不同油菜秸秆还田量对免耕稻田温室气体排放的影响，发现随着秸秆还田量的增加，稻田土壤固碳减缓全球变暖的贡献增加；牟文雅等人通过大田玉米秸秆还田试验研究了其对农田土壤线虫数量动态、属的种类及群落结构等的影响；杨旭等人采用对照试验研究了秸秆还田对甲螨亚目、姬跳虫科、棘跳虫科与驼跳科 4 个类群土壤动物群落的影响。

2.3　农业生物质能生态补偿机制研究

2.3.1　生态补偿的概念

生态补偿作为一个新兴的研究热点，在国内还没有一个明确的定义。张诚谦（1987）是最早对生态补偿做出界定的学者。他从生态的角度进行了定义，认为生态补偿是"从利用资源所得的经济收益中提取一部分资金并以物质或能量的方式归还生态系统，以维持生态系统的物质、能量、输入、输出的动态平衡"。在《环境科学大辞典》中，生态补偿的定义是"自然生态系统对由于社会、经济活动造成的生态环境破坏所起的缓冲和补偿作用"。毛显强（2002）认为，生态补偿是"通过对损害（或保护）资源环境的行为进行收费（或补偿），提高行为的成本（或收益），从而激励损害（或保护）行为的主体减少（或增加）因其行为带来的外部不经济性（或经济性），达到保护资源的目的"。

在国际上，生态补偿被称为"生态系统服务付费或环境服务付费"（Payments for Ecosystem Services，PES）。目前，国际上有影响力的界定有两个：一个是 RUPES 项目的界定，另一个是国际林业研究中心的界定。其中，Noordwijk（2005）等人认为，生态环境服务付费必须具备现实性、自愿性、条件性以及有利于穷人四个条件的生态经济保护手段才能够被称为生态环境服务付费。Wunders（2005）认为，生态补偿主要是指为了保护生态资源和环境，由生态资源的管理者根据生态服务功能的相关价值量向生态资源的使用者或破坏者收取一定的生态补偿费用。

2.3.2　生态补偿机制

依据补偿方式，可以把补偿机制分为直接补偿机制和间接补偿机制。其中，直接补偿机制是通过政府直接对生物质原料生产者进行补偿，间接补偿机制是通过对能源企业激励的方式对生物质能原料生产者进行补偿。

2.3.2.1　直接补偿机制

对于直接补偿机制，国内外学者做了大量研究。Aklesso（2013）构建生物质经济优化集成模型，研究秸秆补贴对于生物质能供给与环境的影响。当补贴低于 50 美元/公顷时，造成农田土壤侵蚀和养分流失；当补贴高于 50 美元/公顷时，环境效应没有改变。Susanne（2010）采用情景仿真方法研究补贴对瑞士能源作物供给的影响，发现当补贴由 65 欧元/公顷提升到 165 欧元/公顷时，农作物种植面积也由 6 700 公顷提升到 8 500 公顷。Ira（2015）通过截面回归模型，研究密歇根西南地区生物质能的农民供给意愿，发现市场价格或者补贴从 10 美元/吨提升到 20 美元/吨时，1 美元生物质能边际贡献为 1.6%~2.4%。周颖（2010）采用意愿价值评估法计算出黔东南地区的水稻秸秆和玉米秸秆还田补偿标准分别为 868.5 元/公顷和 882 元/公顷。程磊磊（2010）考虑秸秆还田对农民生产成本及收益、农田面源污染减轻程度的影响，应用意愿评估法得到云南省农民秸秆还田补贴应为 1 500 元/公顷。李颖等人（2014）考虑补偿主体、原则、方式和标准，计算粮食作物的碳源/碳汇，以此构建粮食作物生态补偿机制，达到促进粮食种植业可持续发展。马爱慧等人（2012）以对武汉市市民的调查为例，考虑相关者利益，采用选择实验法，构建模拟生态补偿的政策以及交易市场，最终测算出武汉市市民愿意支付的耕地生态补偿最佳组合方案的支付意愿为每年 247 元。

2.3.2.2　间接补偿机制

间接补偿机制是指通过对能源企业采取激励的方式，对生物质能原料生产者进行补偿，具体分为政府主导的固定电价机制与市场主导的配额交易机制两类。

第一类，政府主导的固定电价机制。固定电价机制是指由政府制定生物质能发电的上网电价，并强制要求电网公司全部购买生物质能电力。例如：Steven（2013）以 15 兆瓦生物质能发电项目为例，研究了加拿大安大略湖生物质能固定电价。他认为，当前生物质能上网电价应该在 0.17~0.22 美元/千瓦时。Jorrit（2015）通过计算中国生物质发电项目的 NPV，若按目前上网电价 91 欧元/毫瓦时，则新的生物质发电项目的净现值为负。若按净现值为零计算，上网电价的合理价位应在 97~105 欧元/毫瓦时。Peng Sun（2015）通过构建一个两阶段模型将固定电价和配额交易进行对比，结果表明，在增加可再生能源装机容量和刺激研发投入以降低成本方面，固定电价机制比配额交易机制更加有效。C. G. Dong（2012）利用面板数据对固定电价和配额交易在促进风力发电方面的有效性进行了研究，结果显示，平均而言在所有国家，固定电价比配额交易所能增加的风力发电要多出 1 800 兆瓦左右。Meszaros（2010）建立了模型和数值算例，对英国的固定电价和可交易绿色证书进行分析，结果表明，在固定电价下，政府的补贴导致黑色能源和可再生能源电力供应量均会增加。在国内，2006 年颁布的《可再生能源发电价格和费用分摊管理试行办法》规定，生物质能上网电价可以在脱硫燃煤机组标杆上网电价的基础上补贴 0. 25 元/千瓦时。闫庆悦（2011）认为，政府补贴机制主要解决在当前技术水平下，生物质能发电项目的盈利水平低于常规火电，需要构建合理的分摊机制。刘华军等人（2011）研究了脱硫燃煤机组的上网价格和补贴价格不同的变动情况，基于此，构建生物质能发电定价机制的二维模型，在二维模型的基础上讨论了不同补贴模式的优劣性及其适用性。

第二类，市场主导的配额交易机制。配额交易机制是指政府规定生物质发电量必须达到总发电量的一定比例，再按比例分配给发电厂，要求发电厂完成所规定的生物质发电配额。配额交易机制通常采用绿色证书交易的形式实行。Rajesh（2013）对印度 2011—2012 年的配额交易机制进行研究，认为与固定电价机制相比，配额交易机制的收益更明显。Tae-hyeong（2015）认为，配额交易机制具有正外部性，但市场设计会导致行业额外收益，增加了政策实施成本，易导致政策受益企业寻租。Lori Bird 等人（2011）研究分析采用 Reeds 模型，模拟美国发电能力和输电的最低成本扩张，以检查各种排放上限的影响以及单独和综合的 RPS 情景，考察 RPS 和配额交易机制对美国电力部门的影响。刘瑞丰等人（2014）通过对新疆、甘肃以及青海等省（自治区）的清洁能源交易量和配额交易量进行预测，以建立在配额交易机制下，清洁能源电力跨省（自治区）交易的经济评价模型以及方法。郭炜煜等人（2016）通过研究固定电价机制和配额交易机制对社会福利和电力市场的影响，认为相较于固定电价机制，配额交易机制不仅对提高清洁能源发电的技术水平有利，而且更容易实现卡尔多-希克斯改进。Finn RoarAune 等人（2012）考虑使用绿色证书实现到 2020 年可再生能源占欧洲总能源消耗 20% 的目标，并允许通过成员国之间的绿色证书贸易来分析降低成本的潜力。Anna Bergek（2010）对瑞典绿色证书交易系统性能进行了评估，结果显示，该系统在经济效益和社会效益方面表现良好。赵洱崇等人（2013）通过建立系统动力学模型对配额交易机制和固定电价机制进行对比分析，认为合理的配额和绿色证书基准价格（配额为 2%、基准价格为 0.094 元/千瓦时）有助于企业进行研发投入。

2.3.3 生态补偿标准

生态补偿标准确定依据主要分为五类，即按生态系统服务的价值确定、按支付意愿和受偿意愿确定、基于生态足迹确定生态补偿标准、按生态破坏修复或恢复确定以及按生态保护者的直接投入和机会成本确定。

第一类，按生态系统服务的价值确定生态补偿标准。例如：Weiping Sheng 等人（2017）基于生态系统服务价值和区位多样性指标（主要功能导向分区、人口密度、生态重要性和生态脆弱性），提出了北京山地生态林的三个生态补偿标准。北京的平均支付金额从 1 607 元/公顷·年至 2 051 元/公顷·年，是现行标准的 0.7~1.2 倍。Thu-Ha Dang Dhan 等人（2017）对越南两种森林生态系统服务（PFES）支付方式的交易成本进行了测算和解释。熊鹰等人（2010）在实地调查和实验的基础上，评估了移民农民的利益损失和湿地恢复带来的生态系统服务功能价值增加，并且考虑了农民补偿诉求的组合，计算了农民对生态补偿的价值。经过分析计算得出，洞庭湖地区移民农民的生态补偿费为 6 084.5 元。任平等人（2014）将耕地资源的价值进行分类研究，采用等效替代法、市场价值法以及收益还原法，构建耕地资源的生态价值、社会价值以及经济价值综合评价模型。最终以四川省为例，计算出四川省的耕地保护价值为

122.85 万元/公顷。其中，经济价值占 5.74%、社会价值占 64.17%、生态价值占 30.09%。周晨等人（2015）站在生态服务价值的角度，对南水北调中线工程水源区生态补偿标准进行测算得出，南水北调中线工程受水区生态补偿上限标准为 46.12 亿元/年。其中，中央政府为 18.45 亿元/年，受水区地方政府为 27.67 亿元/年。

第二类，按支付意愿和受偿意愿确定生态补偿标准主要根据生态保护贡献者的接受补偿意愿作为生态补偿的标准，采用问卷调查统计法进行计算。例如：Ronaldo Seroada Motta 等人（2018）采用条件价值评估的方法分析了巴西南帕莱巴河流域农民接受支付生态系统服务费用的意愿。刘玉卿（2018）采用条件估值法（CVM）对盐城潮滩湿地生态环境保护区的 125 户居民进行了受偿意愿调查测算，调查结果显示，该地区农民平均受偿意愿为 7 727.7 元/公顷·年。皮泓漪等人（2018）对宁夏泾源县农民参与退耕还林的意愿影响因素采用双边界条件价值评估法进行评估计算。其计算结果显示：有 87.2% 的农民愿意参与退耕还林，且平均最小受偿意愿为 3 180 元/公顷，在补偿方式的选择上，有 68.8% 的农民更愿意接受现金补偿。徐大伟等人（2012）为有效分析辽河流域居民的受偿意愿（WTA）以及支付意愿（WTP），采用条件价值法（CVM）对其进行测算分析，最终结果表明，在不考虑其他因素影响的情况下，辽河流域生态补偿标准分别为 160.72 元/人·年和 255.97 元/人·年。

第三类，基于生态足迹确定生态补偿标准主要构建模型计算不同国家或区域之间消费的生态赤字/盈余来确定生态补偿。例如：M. S. Reed 等人（2017）采用一种基于位置的方法来实现 PES 方案，该方案将多级治理、跨多个尺度的服务捆绑或分层以及生态系统服务的共享价值结合在一起。Yicheng Fu 等人（2018）考虑到在社会公平与合作博弈（CG）层次上计算 PES 方案的重要性，为定量解决多目标问题提供了一种水资源配置模型和多目标优化方法。根据计算结果，北京应该支付 6.31 亿美元与水相关的费用给山西和河北两省。田美荣等人（2014）为计算山西省应接受输入地补偿费用，采用生物质能替代生态足迹法，以计算能源输出生态足迹，结果显示，山西省最高接受补偿费用为 3 817.94 亿元。陈源泉等人（2007）以我国不同省份为例，采用生态足迹法研究了我国东部、中部以及西部的生态补偿问题。结果表明：东部应支付生态补偿费用为 53 298 元/年，中部应支付生态补偿费用为 7 911 元/年，西部应支付生态补偿费用为 17 124.48 元/年。

第四类，按生态破坏修复或恢复确定生态补偿标准主要根据生态环境污染物的治理或恢复成本计算生态补偿标准，一般需要按实验方法确定。例如：侯彩霞等人（2018）运用系统动力学方法模拟未来 10 年，在不同国家生态补偿标准下草原社会-生态系统恢复力的可能情景，综合五个指标发现，在当前生态补偿标准下，草原未来 10 年社会-生态系统恢复力增强。虞锡君（2007）用生态水保护机制和跨界水污染补偿机制的方法计算出太湖流域水生态修复成本。

第五类，按生态保护者的直接投入和机会成本确定生态补偿标准主要是依据生态恢复地区的产业产值、当地生产净收益率以及物价指数计算损失收益。例如：Jian Sun 等人（2017）采用节约成本法（CCM）、市场价值法（MVM）、支付能力法（PAM）确定了世界上最大的 IBWT 项目——中国南水北调中线工程的支付标准。以 CCM 为基础的支付标准（723 亿元人民币）将有助于水源地区的环境保护和经济损失补偿。钟瑜等人（2002）通过计算长江中游地区湖泊退田还湖农民的收益损失、游乐科教价值、生物多样性存在价值、退田还湖农民受偿意愿以及环境容量价值，结果显示，农民应得补偿上限为 27 540 元/户、补偿下限为 443 元/户，结合农民意愿，最终补偿额度为 3 500 元/户最为合适。

通过回顾上述文献对生态补偿模式与补偿标准的研究，可以看到，目前主要补偿方式是弥补生物质能与传统能源之间的差价，促进生物质能企业参与市场竞争，而考虑农民行为异质性的生态补偿机制尚不多见；补偿标准的测算方式主要按生态系统服务的价值计算、按生态保护者的直接投入和机会成本计算、按生态破坏修复或恢复计算、按支付意愿和受偿意愿确定以及基于生态足迹确定生态补偿标准。本书拟在前人研究的基础上，考虑农民行为异质性，构建基于多主体的补偿机制仿真平台，设计决策模型，利用该平台对生态补偿机制进行设计研究。

2.4 农业生物质能多主体建模仿真

据联合国能源署研究预测，2050年，生物质能将占全球人类总能源消耗的50%以上。我国作为农业大国，农作物剩余物和农副产品产量巨大，现有生物质能4.6亿吨标准煤，剩余4.38亿吨标准煤尚未开发利用。为提高我国农作物剩余物的利用率，促进农业生物质能开发，从1999年开始，我国政府先后颁布了《秸秆禁烧和综合利用管理办法》《关于加强秸秆禁烧和综合利用工作的通知》《关于进一步做好秸秆禁烧和综合利用工作的通知》《国务院办公厅关于加快推进农作物秸秆综合利用的意见》《秸秆能源化利用补助资金管理暂行办法》等系列法规。生物质能潜力已成为影响生物质发电厂选址的重要因素。当前，研究生物质能秸秆回收潜力的文献主要分为三类。

第一类，土壤因素。例如：刘贞等人（2014）认为需要考虑土壤功能对秸秆的需求，设置低保留、适度保留和高保留3种情景，对我国秸秆生物质能潜力进行评价。王双磊等人（2014）从棉花秸秆还田对土壤理化性质、土壤微生物、棉花生长发育及产量的影响等方面分析了棉花秸秆还田量。Graham等人（2007）考虑玉米秸秆对土壤有机碳、风蚀、水蚀的影响，通过对不同文献的玉米秸秆保留量数据取均值，计算得到美国玉米秸秆每年可利用量约为5 400万吨。张静等人（2010）通过田间随机区组设计试验，研究了不同玉米秸秆还田量对冬小麦产量的影响，发现玉米秸秆还田量为9 000千克/公顷时可使冬小麦增产7.47%。刘义国等人（2013）采用对照试验研究了不同秸秆还田量对农作物产量的影响，发现当秸秆还田量为6 000千克/公顷时可使小麦产量最大。余延丰等人（2008）研究发现，秸秆在下季作物上原位还田，并辅以快速腐解菌，能明显提高作物产量。

第二类，秸秆用途。例如：朱建春等人（2013）研究发现，关中地区秸秆的主要利用方式为"就地焚烧""生活燃料""出售""饲料"和"有机肥还田",其占比分别为 12.82%、57.49%、8.11%、4.06%、17.52%。蔡亚庆等人(2011)研究认为,除秸秆还田、饲料化利用、工业原料、食用菌基料以及农村生活用能需求等用途外,我国可能源化利用秸秆的总量为 1.52 亿吨。Chandra 等人(2015)采用能流图方法,考虑农作物产量、农作物剩余的收集率和主要用途等因素,测算 2003—2012 年农业生物质能潜力为 72.67 帕焦。方放等人(2015)研究发现,黄淮海 5 省市农作物秸秆资源可收集量达到 2.1 亿吨,其中秸秆肥料化、饲料化、基料化、能源化、原料化利用分别占已利用量的 49%、31.6%、4.4%、8.8%、6.2%。王亚静等人(2010)采用各类秸秆适宜性分级的方法,对秸秆资源用于燃料、饲料、肥料、工业原料以及食用菌基料等的适宜性和各自的可收集利用量进行定性与定量的评估。研究发现,2005 年我国秸秆可收集总量为 68 595 万吨,平均可收集系数为 0.81;残留田间和收集过程中浪费的秸秆占 19%。其中,粮食作物秸秆可收集利用量为 49 231 万吨,占 71.77%;经济作物秸秆可收集利用量为 16 261 万吨,占 23.71%;其他作物秸秆可收集利用量为 3 103 万吨,占 4.52%。

第三类,农民处置行为对秸秆回收潜力的影响。例如:吕杰等人(2015)发现,户主个体特征、家庭外出打工人数、人均耕地面积、人均年收入、环境关注程度、公共基础设施以及村县距离等因素对农民秸秆处置行为方式有显著影响。王舒娟等人(2012)对农民出售秸秆决策行为进行分析研究,发现市场条件、农民当前秸秆处理方式、政府政策、同伴行为等因素对农民出售秸秆的决策有显著影响,并认为农民行为是我国秸秆产业化的关键因素。左正强(2011)研究发现,户主年龄、受教育程度和外出务工人数对秸秆处置方式不存在显著影响。蔡荣等人(2014)对江苏省 624 户水稻和小麦种植户的实地调查结果显示,将秸秆用作生活燃料的农民比重最高,其他依次为秸秆还田、露天焚烧、出售秸秆以及用作饲料和沼气。

通过上述研究不难发现,现有的绝大部分研究是从土壤生态因素、农作物用途以及农民秸秆处置行为的角度来研究生物质能秸秆回收潜力的，而考虑农民行为异质性及决策对秸秆回收的影响，并进行定量分析的文献较为少见。本书拟从行为异质性角度，以农民、生物质发电厂、中间收购商、政府为主体进行建模，对秸秆回收潜力进行仿真研究。

2.5 异质性研究

农民行为异质性表现为，在政府提供固定生态补偿额度的条件下，在不同劳动—时间成本下，农民愿意提供的生物质原料的行为存在较为明显的异质性。对于异质性，已有众多学者进行了相关的研究，主要可分为以下几个方面：

第一类，主体异质性。例如：Rebecca 等人（2013）考虑主体异质性，采用多主体仿真的方法，构建了个人行为对环境影响的模型。Jean-Michel Cayla 等人（2015）采用在 TIMES 模型框架内开发的原始建模方法将家庭行为异质性考虑在内，测算家庭能源消耗情况。张文彬（2015）通过考虑地方政府生态保护能力的异质性来构建信号发送模型，以山西省国家重点生态保护功能区为例，来分析该区域生态保护能力异质性的影响。赵玉等人（2017）采用有序 Logistic 模型和条件价值评估法，比较分析了赣江河流上、中、下游居民生态系统服务支付意愿的差异，并探讨了支付意愿异质性产生的原因。史恒通（2016）认为，流域治理政策的构建，需要充分考虑公众对环境物品的偏好以及偏好异质性问题。王喜等人（2015）利用 PRA 评估方法对农民参与耕地保护意愿差异性进行分析，结果显示，绝大部分农民参与耕地保护的意愿强烈。

第二类，资源异质性。例如：曹兰芳等人（2017）为有效研究相关林改及配套政策对农民决策行为的影响，采用 Biprobit 模型构建资源异质性农民林业生产资金劳动力投入决策行为方程组。康小兰等人（2014）采用实证分析方法，以江西省 500 个农民为例，对当前国家林改政策对不同资源禀赋林农的营林造林决策行为影响与作用机理进行了分析。米峰等人（2015）采用 PSR 的思路对我国（不含港澳台）31 个省（自治区、直辖市）的森林安全状况进行了研究，结果显示，森林资源状况是导致各省（自治区、直辖市）、各年份之间森林生态承载力产生差异的最主要原因。

第三类，区域异质性。例如：Jie He 等人（2015）研究了跨界河流污染如何影响河流改善项目的 WTP。在西江流域 20 个城市进行的调查表明，下游城市在上游污染较严重时报告的 WTP 较低。这种负外部性随着下游城市距离的增加和相对议价能力的增强而下降。赵玉等人（2018）采用 Tobit 模型和实际调查数据对在区域异质性视角下赣江生态系统服务支付意愿及价值进行评估，得出南昌每户居民每月愿意支付的金额为 23.24 元、吉安每户居民每月愿意支付的金额为 19.7 元和赣州每户居民每月愿意支付的金额为 16.86 元。陈莹等人（2017）为有效研究太湖上、下游居民生态补偿意愿的影响因素，运用条件价值法（CVM）进行分析，结果表明，下游居民的支付意愿比上游居民的支付意愿平均高 56.9 元/户·年。唐秀美等人（2016）采用 STIRPAT 模型和地理加权回归模型对北京市生态系统服务价值驱动因素与空间异质性进行分析。

从上述文献可以看出，行为异质性的理论在生态环境、社会经济、政府行为等方面均有所涉及。但是，考虑农民行为异质性对生物质原料回收的影响，并进行定量分析的文献较为少见。本书以劳动-收入曲线为基础，对农民进行分类，进而进行生态补偿机制的设计研究，以便更为准确地计算生态补偿量。

2.6　研究现状述评

在可能源化秸秆资源总量评估方面，现有相关研究大多是在选择基准年的基础上，考虑农作物播种面积、农作物单位面积产量、秸秆还田比等影响因素，对某一种农作物的可能源化秸秆资源总量进行评估。在计算秸秆还田量方面，绝大多数相关文献采用还田比进行计算。然而，对于不同农作物秸秆，其还田后对土壤生态功能的影响不同。与此同时，可能源化秸秆量不仅与秸秆其他用途的使用量相关，也与秸秆的理论产量密切相关。秸秆的理论产量又受到农作物播种面积、单位面积产量以及种植结构的影响。同时，随着时间的推移，农作物播种面积、单位面积产量以及种植结构会发生变化，从而对可能源化秸秆资源潜力和分布空间造成影响。但在现有相关研究文献中，从农作物播种面积、单位面积产量以及种植结构变化角度，对未来可能源化秸秆资源潜力的分析研究尚不多见。

在生物质能技术经济总量评价方面，由于生物质能品种多、技术差异大，因此，如何选择技术是对生物质能经济总量进行评价的关键。相关文献大多是结合具体某一种生物质能技术，考虑秸秆收集、秸秆运输和交易成本等因素与生物质能技术开发成本，对该技术的经济可开发潜力进行评价。只有少数文献综合各种技术，研究美国生物质能成本曲线，对美国农业生物质能经济总量进行综合评价。而基于项目层面构建成本曲线，考虑未来技术进步和激励政策对成本曲线的影响，研究我国区域生物质能经济总量的类似文献尚不多见。

在生态补偿机制方面，现有相关研究大多是通过计算补偿额度，然后采用直接补偿或者间接补偿的方式进行支付。对于生态补偿标准的确定，现有研究绝大多数是按生态系统服务的价值、生态保护者的直接投入和机会成本、生态破坏修复或恢复、支付意愿和受偿意愿以及基于生态足迹的方法来确定生态补偿标准的，没有考虑到不同主体的行为受到不同经济社会文化的影响而具有不同特点。

在生物质能生态补偿可开发量方面，采用多主体仿真建模的方法对生物质原料回收潜力进行仿真模拟。现有研究主要分为三类：一是考虑土壤因素的方式。通过计算合理的秸秆保留量，以达到在保护土壤肥力以及生态平衡的同时能最大程度地回收秸秆。二是考虑秸秆用途的方式。通过扣除燃烧、饲料等用途的秸秆量，计算剩余可回收量。三是考虑不同农民对秸秆的处置方式。现有研究均从农民角度出发进行设计分析，而对生物质发电厂、中间收购商以及政府的分析较为少见。

在异质性方面，现有研究大多是从区域异质性、资源异质性、政府行为异质性、主体异质性等方面，对生态补偿、生态经济等进行研究，鲜少考虑不同农民类型的行为决策对生物质原料收集的影响。

基于此，拟在上述研究的基础上，一是对历史数据进行分析，预测不同区域主要农作物的播种面积、单位面积产量以及种植结构，并结合草谷比系数，计算出主要农作物秸秆的理论产量。二是构建生物质能生态补偿机制仿真平台，对农民、生物质发电厂、中间收购商和政府的决策进行建模；考虑土壤生态要求，提出土壤生态最小保留量的概念，并对相关研究进行梳理，结合情景分析法对不同农作物的最小保留量进行设置。三是通过文献调研的方法，对不同农作物的工业比、饲料比和燃料比进行设计；计算区域主要农作物可能源化秸秆的资源潜力，并从可能源化秸秆资源构成、资源密度和空间分布等角度进行评价。四是在以上研究的基础上，采用文献调研方法，选取目前国内主流的生物质能技术，从项目层面构建成本曲线，考虑技术进步和激励政策的影响，计算不同情景下不同区域、不同项目可用秸秆的生态经济总量，同时以项目投资收益率为变量做灵敏度分析，寻找优先发展项目和优先发展区域。五是对考虑农民行为异质性和不考虑农民行为异质性两种情形进行仿真，对比分析这两种情形下农业生物质能直接补偿的可开发量；利用仿真平台分析研究在农民行为异质性的条件下，农业生物质能间接补偿的可开发量；另外，对比分析仿真情景，提出最优补偿方案。

3 区域可能源化秸秆技术
经济生态总量评价模型

区域可能源化秸秆技术经济生态总量评价模型主要包括四个部分：区域可能源化秸秆生态潜力、区域可能源化秸秆资源密度、区域秸秆最大经济收集半径和区域可能源化秸秆技术经济生态总量评价。

3.1 区域可能源化秸秆生态潜力

区域可能源化秸秆生态潜力的计算是建立在区域农作物秸秆理论产量基础上的，而农作物秸秆理论产量通常采用农作物产量乘以草谷比系数进行计算。基于此，拟在秸秆理论产量计算通用方程上，对区域可能源化秸秆生态总量进行评估。

假设第 t 年中国农作物播种总面积为 S_t，则第 i 省份农作物播种面积（$S_{t,i}$）可以表示为

$$S_{t,i} = S_t \cdot \alpha_{t,i} \qquad (3.1)$$

式中：$\alpha_{t,i}$ 表示第 t 年第 i 省份农作物播种面积占中国农作物播种总面积的比例；同时，假设第 i 省份有 m 种主要农作物，则第 t 年第 i 省份第 j 种农作物的理论秸秆产量（$P_{t,i,j}$）可以表示为

$$P_{t,i,j} = S_{t,i} \cdot \beta_{t,i,j} \cdot \gamma_{t,i,j} \cdot \delta_j \qquad (3.2)$$

式中：$\beta_{t,i,j}$ 表示第 t 年第 i 省份第 j 种农作物的种植比例；$\gamma_{t,i,j}$ 表示第 t 年第 i 省份第 j 种农作物的单位面积产量；δ_j 表示第 j 种农作物的

草谷比。则第 t 年第 i 省份的农作物秸秆理论总量（$P_{t,i}$）可以表示为

$$P_{t,i} = \sum_{j=1}^{m} P_{t,i,j} = \sum_{j=1}^{m} S_{t,i} \cdot \beta_{t,i,j} \cdot \gamma_{t,i,j} \cdot \delta_j \qquad (3.3)$$

在计算区域可能源化秸秆资源潜力时，现有研究考虑了秸秆的可收集率。而本书采用不同农作物土壤生态最小保留量进行计算，同时不可收集秸秆的绝大部分仍保留在耕地中（如农作物根茎），可视为土壤生态最小保留量的一部分，因此未考虑秸秆的可收集率。除秸秆还田外，目前秸秆的主要用途可以分为三大类：农业用途、工业用途和农村生活用能。则第 t 年第 i 省份第 j 种农作物可能源化秸秆生态总量（$a_{t,i,j}^*$）可以表示为

$$a_{t,i,j}^* = S_{t,i} \cdot \beta_{t,i,j} \cdot \gamma_{t,i,j} \cdot \delta_j - E_{t,i,j} - A_{t,i,j} - T_{t,i,j} - U_{t,i,j} \qquad (3.4)$$

式中：$E_{t,i,j}$、$A_{t,i,j}$、$T_{t,i,j}$ 和 $U_{t,i,j}$ 分别表示第 t 年第 i 省份第 j 种农作物的土壤生态还田量、农业用量、工业用量和农村生活用量。同时，$E_{t,i,j}$、$A_{t,i,j}$、$T_{t,i,j}$ 和 $U_{t,i,j}$ 可以分别表示为

$$E_{t,i,j} = \varepsilon_{t,i,j} \cdot S_{t,i} \cdot \beta_{t,i,j} \qquad (3.5)$$

$$A_{t,i,j} = P_{t,i,j} \cdot \theta_{t,i,j} \qquad (3.6)$$

$$T_{t,i,j} = P_{t,i,j} \cdot \varphi_{t,i,j} \qquad (3.7)$$

$$U_{t,i,j} = P_{t,i,j} \cdot \mu_{t,i,j} \qquad (3.8)$$

式中：$\varepsilon_{t,i,j}$、$\theta_{t,i,j}$、$\varphi_{t,i,j}$ 和 $\mu_{t,i,j}$ 分别表示第 t 年第 i 省份第 j 种农作物的土壤生态最小保留量、农业占比、工业占比和农村生活占比；$P_{t,i,j}$ 表示第 t 年第 i 省份第 j 种农作物的理论秸秆产量。在优先满足秸秆生态还田以及秸秆其他用途下，$a_{t,i,j}^*$ 可能小于 0。因此，在计算第 i 省份可能源化秸秆生态总量时，需对 $a_{t,i,j}^*$ 的大小进行判断。则第 i 省份可能源化秸秆生态总量（$P_{t,i}^*$）可以表示为

$$P_{t,i}^* = \sum_{j=1}^{m} \left[\left(S_{t,i} \cdot \beta_{t,i,j} \cdot \gamma_{t,i,j} \cdot \delta_j - E_{t,i,j} - A_{t,i,j} - T_{t,i,j} - U_{t,i,j} \right) \cdot f(a_{t,i,j}^*) \right]$$

$$(3.9)$$

式中：$f(a_{t,i,j}^*)$ 是关于 $a_{t,i,j}^*$ 的 0-1 函数。其具体表达形式如式（3.10）所示。

$$f(a_{t,i,j}^*) = \begin{cases} 0 & a_{t,i,j}^* < 0 \\ 1 & a_{t,i,j}^* \geq 0 \end{cases} \qquad (3.10)$$

最终第 t 年可能源化秸秆生态总量（P_t）可以表示为

$$P_t =$$
$$\sum_{i=1}^{31} \left\{ \sum_{j=1}^{m} \left[(S_{t,i} \cdot \beta_{t,i,j} \cdot \gamma_{t,i,j} \cdot \delta_j - E_{t,i,j} - A_{t,i,j} - T_{t,i,j} - U_{t,i,j}) \cdot f(a_{t,i,j}^*) \right] \right\}$$

$$(3.11)$$

式中：31 表示我国省份数量，受数据统计口径影响，暂不包括港澳台地区。

3.2 区域可能源化秸秆资源密度

秸秆能源化利用不仅与可利用秸秆资源量有关，还与可能源化秸秆分布密度有关。高密度地区，单位面积秸秆资源丰富，秸秆收运成本较低，适合规划大型秸秆能源企业；低密度地区，秸秆收运成本高，不适合规划大型秸秆能源企业。目前，秸秆资源密度的计算方法有三种：可能源化秸秆资源总量与行政面积比、可能源化秸秆资源总量与耕地面积比、可能源化秸秆资源总量与播种面积比。现有相关研究中，通常采用耕地面积或农作物播种面积来计算秸秆资源密度。

相比于耕地面积，农作物播种面积包括了复种面积。若采用耕地面积计算秸秆资源密度，相当于在时间维度上对秸秆资源密度进行了累加；但对秸秆能源化企业而言，在某一时间点，不同农作物的播种总面积是不确定的，而区域耕地面积在短期内是相对不变的。因此，用耕地面积来计算秸秆资源密度，不能有效地反映特定时间点的秸秆资源密度，从而影响秸秆开发项目的规划。综上所述，采用农作物播种面积来计算秸秆资源密度，则第 t 年第 i 省份主要农作物可能源化秸秆资源密度（$\rho_{t,i}$）可以表示为

$$\rho_{t,i} = \frac{P_{t,i}^*}{\sum_{j=1}^{m} S_{t,i} \cdot \beta_{t,i,j}}$$

$$= \frac{\sum_{j=1}^{m} \left[(S_{t,i} \cdot \beta_{t,i,j} \cdot \gamma_{t,i,j} \cdot \delta_j - E_{t,i,j} - A_{t,i,j} - T_{t,i,j} - U_{t,i,j}) \cdot f(a_{t,i,j}^*) \right]}{\sum_{j=1}^{m} S_{t,i} \cdot \beta_{t,i,j}}$$

$$(3.12)$$

3.3 区域秸秆最大经济收集半径

区域秸秆最大经济收集半径与秸秆能源化企业的成本收益有着密切的联系，为有效地评估不同秸秆能源化项目在不同区域的秸秆最大经济收集半径，做出以下假设：①秸秆能源化项目选址靠近秸秆产地，项目收益主要来自能源化产品销售和政府补贴，且产品均能售完；②项目主要成本包括建设成本、工人工资、加工成本、秸秆原料成本、秸秆运输成本和维修成本。依据相关政策，暂不考虑税收影响，则项目周期内第 x 种秸秆能源化项目的总收益和总成本分别如式（3.13）和式（3.14）所示。

$$R_x = (p_x \cdot q_x + G_x) \cdot (\text{P/A}, \ d, \ L_x) \tag{3.13}$$

$$C_{i,x} = c_x \cdot S_x + \left(\begin{matrix} H_x \cdot L_x + c'_x \cdot q_x + C_{4,i,x} + \\ C_{5,i,x} + c_x \cdot S_x \cdot \omega_x \end{matrix} \right) \cdot (\text{P/A}, d, L_x)$$

$$\tag{3.14}$$

式中：R_x、p_x、q_x、G_x、c_x、H_x、c'_x、S_x、L_x 和 ω_x 分别为第 x 种项目的总收入、产品单价、年产量、年政府补贴、单位建造成本、年工人工资、单位加工成本、项目规模、项目周期和年维修系数；$C_{i,x}$、$C_{4,i,x}$ 和 $C_{5,i,x}$ 分别为区域 i 第 x 种项目总成本、秸秆原料成本和运输成本；$(\text{P/A}, \ d, \ L_x)$ 为年金现值系数；d 为贴现率。

秸秆原料成本主要为秸秆田间售价、收集成本和其他成本。在收集成本方面，每吨秸秆收存运所需人数按 2 人测算，每天处理 7 吨秸秆，工资按各省（自治区、直辖市）农村劳动力成本进行计算；其他成本按总成本的 17% 计算，包括合理利润、场地租赁费和打捆机损耗费。则第 i 省份每吨秸秆原料成本和总成本分别为

$$c^*_{i,x} = \frac{\sum_{j=1}^{m} p^*_{i,j} \cdot \mu_{i,j} + \frac{2c^0}{7}}{1 - 0.17} = \frac{100}{83} \sum_{j=1}^{m} p^*_{i,j} \cdot \mu_{i,j} + \frac{200}{581} c^0_i \tag{3.15}$$

$$C_{4,i,x} = c^*_{i,x} \cdot q_x = \left(\frac{100}{83} \sum_{j=1}^{m} p^*_{i,j} \cdot \mu_{i,j} + \frac{200}{581} c^0_i \right) \cdot q_x \tag{3.16}$$

式中：$c_{i,x}^{*}$ 为第 i 省份第 x 种项目单位秸秆原料成本；$p_{i,j}^{*}$ 为第 i 省份第 j 种农作物秸秆田间收购价格；$\mu_{i,j}$ 为第 i 省份第 j 种农作物秸秆占可能源化秸秆总量比；c_i^0 为第 i 省份农民日薪。由于农村实际公路较曲折，故引入曲折因子 $\sqrt{2}$，结合第 i 省份可能源化秸秆资源密度，则第 i 省份第 x 种秸秆能源化项目的运输费用可以表示为

$$C_{5,i,x} = L_x \int_0^{2\pi} \int_0^{r_x} \sqrt{2}\rho_i R^2 c^* \, dR d\theta = \frac{2\sqrt{2}}{3}\pi \rho_i r_x^3 c^* L_x \qquad (3.17)$$

式中：r_x 为第 x 种项目的秸秆收集半径；c^* 为单位秸秆运输成本。则在满足一定年收益率 I 的基础上，第 i 省份第 x 种项目的最大经济收集半径 $R_{i,x}$ 可表示为

$$R_{i,x} = \sqrt[3]{\frac{3\left[\begin{array}{l} p_x \cdot q_x + G_x - c_x \cdot S_x \cdot (1+I) - \\ \left(H_x \cdot L_x + c_x' \cdot q_x + C_{4,i,x} + C_{5,x}\right) \\ + c_x \cdot S_x \cdot \omega_x \end{array}\right] \cdot (P/A,\ d,\ L_x)}{2\sqrt{2} \cdot \pi \cdot \rho_i \cdot c^* \cdot L_x}}$$

$$(3.18)$$

3.4　区域可能源化秸秆技术经济生态总量评价

　　某一区域是否适合规划相应的秸秆能源化项目，需要判断该区域秸秆经济收集量是否能够满足规划项目的秸秆理论需求量。从秸秆能源化利用的方式来看，主要分为三类：第一类是秸秆发电，第二类是秸秆固体成型，第三类是秸秆制纤维素乙醇。为方便计算不同秸秆能源化项目的秸秆理论需求量，将秸秆能源化项目分为发电类项目和非发电类项目。同时，为保障秸秆能源化项目的正常运转，项目安全库存按理论总量的5%计算。

　　对于不同规模秸秆发电类项目而言，其秸秆理论需求量（$T_{x,e}$）可以表示为

$$T_{x,e} = \frac{S_{x,e} \cdot t_{x,e} \cdot \eta_1 \cdot 3.6 \times 10^6}{(1-0.05) \cdot \eta_2 \cdot \sum_{j=1}^{m} \mu_{i,j} \cdot h_j} \qquad (3.19)$$

式中：$S_{x,e}$ 和 $t_{x,e}$ 分别表示当第 x 种秸秆能源化项目为发电类项目时秸秆的项目规模和年发电时间；η_1 和 η_2 分别为秸秆发热量占总热量比和项目发电效率；h_j 为第 j 种农作物秸秆的单位热值；3.6×10^6 为千瓦时与焦耳的转换系数。则非发电类项目的秸秆理论需求量（$T_{x,\alpha}$）可以表示为

$$T_{x,\alpha} = \frac{S_{x,\alpha}}{\eta_3 \cdot (1 - 0.05)} \tag{3.20}$$

式中：$S_{x,\alpha}$ 表示当第 x 种项目为非发电类项目时的项目规模；η_3 表示非发电类项目的能源转化效率。

在秸秆经济收集量计算方面，根据秸秆最大经济收集半径和秸秆资源密度，第 i 省份第 x 种项目的经济收集量（$E_{i,x}$）可以表示为

$$E_{i,x} = \pi R_{i,x}^2 \cdot \rho_i \tag{3.21}$$

若秸秆能源化项目秸秆理论需求量大于该区域的秸秆经济可收集量，即 $T_x > E_{i,x}$，则表示第 i 省份不适合规划第 x 种秸秆能源化项目，反之则经济可行。因此，可能源化利用秸秆的技术经济生态总量可以表示为

$$Q = \sum_{i=1}^{31} Q_i \cdot f(E_{i,x}) \tag{3.22}$$

式中：Q 表示可能源化秸秆技术经济生态总量；31 表示我国（不含港澳台，下同）31 个省（自治区、直辖市）；$f(E_{i,x})$ 为取值为 0 或 1 的二值函数，具体形式如式（3.23）所示。

$$f(E_{i,x}) = \begin{cases} 1 & E_{i,x} \geq T_x \\ 0 & E_{i,x} < T_x \end{cases} \tag{3.23}$$

3.5 本章小结

本章主要对秸秆理论产量计算的通用模型进行了扩展研究，在此基础上构建了区域可能源化秸秆技术经济生态总量评价模型。该评价模型主要包括四个模块：区域可能源化秸秆生态潜力计算模块、区域可能源化秸秆资源密度计算模块、区域秸秆最大经济收集半径

计算模块和区域可能源化秸秆技术经济生态总量评价计算模块。其中，根据秸秆理论产量计算通用模型，考虑不同农作物秸秆的生态还田量、工业用量、农业用量和农村生活用量，构建区域可能源化秸秆生态潜力计算模块；在可能源化秸秆生态潜力计算的基础上，考虑不同农作物的播种面积，构建区域可能源化秸秆资源密度计算模块；从项目层面，考虑秸秆能源化项目的成本收益，从运输费用角度入手，构建区域秸秆最大经济收集半径计算模块；最后，根据区域秸秆最大经济收集半径和秸秆资源密度计算秸秆技术经济生态可收集量，并与能源化项目秸秆理论需求量做对比，构建区域可能源化秸秆技术经济生态总量评价计算模块。

4 农业生物质能生态补偿机制仿真平台构建

生态补偿机制仿真平台构建主要包含两个部分：一是仿真平台架构，具体包括平台框架、仿真流程和环境变量；二是仿真主体决策模型，具体包括农民决策模型、秸秆交易量及农民总收益模型、秸秆原料定价模型、政府补贴模型。

4.1 仿真平台架构

4.1.1 平台框架

农业生物质能生态补偿机制仿真平台主要由农民、企业、政府和生物质发电厂组成，如图4.1所示。劳动力市场包括农民和企业；生物质能市场包括农民、政府和生物质发电厂；农作物秸秆仅由生物质发电厂进行收购，政府对农民进行补贴，不存在生物质发电厂之间的竞争。农民通过比较其在生物质能市场和劳动力市场中的收益，选择在哪个市场进行交易。

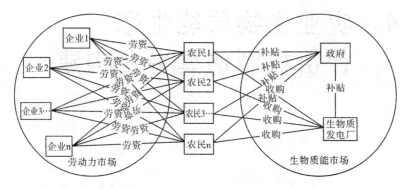

图 4.1　直接补偿机制下的多主体生物质能仿真平台基本框架

4.1.2　仿真流程

农业生物质能生态补偿机制仿真流程如下：①农民进入劳动力市场，并对其薪水进行初始（t＝0）报价。②企业依据报价，对符合其薪水要求的农民进行筛选。③对于没有配对成功的农民，则进行第 t+1 次薪水报价，转向②；如若配对成功，则转向④。④政府给出生物质收购补贴。⑤生物质发电厂给出秸秆收购价格。⑥农民依据秸秆收购价格和政府补贴计算自己在生物质能市场中的收益。⑦农民依据偏好及在劳动力市场和生物质能市场中的收益，选择是否对秸秆进行回收。⑧生物质发电厂对秸秆收购量进行统计，看是否达到预定规模。如果与预定规模相比，偏差小于给定值，则转向⑩。⑨如果生物质发电厂不能达到收购规模或超过收购规模，则对价格进行调整，则转向⑤。⑩给出市场总供给量和收购价格。

4.1.3　环境变量

由于研究需要，我们对仿真平台环境变量进行设置，以便对生态补偿机制的情景设计与仿真分析。假定以位于地理位置中心的生物质发电厂 $G(0, 0)$，向四周辐射一个边长分别为 (l, w) 的长方形。假定该长方形中坐标为 (i, j) 的农民为 $F_{(i, j)}$，农民的土地是一个长、宽分别为 (l', w') 的长方形。若令 $m = l/l'$，$n = w/w'$，则仿真环境中有 $m \times n$ 个农地，所以，每块地到生物质发电厂的距离 $S_{i, j}$

可以表示为：$s_{i,j} = \sqrt{(il')^2 + (jw')^2}$。农民 $F_{(i,j)}$ 把秸秆运到生物质发电厂 $G(0, 0)$ 的成本为：$c_{\text{tran}, i, j} = C_{\text{tran, unit}} \times \sqrt{(il')^2 + (jw')^2}$，其中，$C_{\text{tran, unit}}$ 为单位运输成本（元/t·km）。

4.2　仿真主体决策模型

农业生物质能生态补偿机制仿真平台包括农民、政府、生物质发电厂、企业四个主体。为研究农业生物质能生态补偿机制可开发量，需要对农民决策、秸秆交易量、农民总收益、秸秆原料定价以及政府补贴等决策进行建模。

4.2.1　农民决策模型

首先，对每个农民的类型进行赋值，假定农民的种类有 m 种，则不同坐标农民的种类可以表示为

$$h(i, j) = \begin{cases} 1 & \text{for the 1}^{\text{st}} \text{ kind} \\ 2 & \text{for the 2}^{\text{nd}} \text{ kind} \\ \vdots & \quad\vdots \\ m & \text{for the m}^{\text{th}} \text{ kind} \end{cases} \tag{4.1}$$

其中，$h(i, j)$ 为农民 $F_{(i,j)}$ 的类型。假定：①农民选择秸秆就地遗弃，则在劳动力市场中获得收益；②农民选择秸秆回收，则在生物质能市场中获得收购支付和政府补贴，但工时损耗较大。

（1）在劳动力市场中，若薪水高于农民自身劳动力成本，则得到雇佣。且每年只参与 1 次劳资合约，其薪水与农民类型有关，如式（4.2）所示，其中 $W_{\text{salary}, h(i,j)}$ 表示农民在劳动力市场中的日薪。

$$W_{\text{salary}, h(i,j)} = \begin{cases} W_{\text{salary}, 1} & h(i, j) = 1 \\ W_{\text{salary}, 2} & h(i, j) = 2 \\ \vdots & \quad\vdots \\ W_{\text{salary}, m} & h(i, j) = m \end{cases} \tag{4.2}$$

（2）在劳动力市场中，假定农民可以多次调整其薪水报价，如

式（4.3）所示，其中 $W_{salary,h(i,j),t}$ 和 $W_{salary,h(i,j),t+1}$ 分别为本轮报价和下轮报价，结束后依据最后一次报价签订劳资合约。

$$W_{salary,h(i,j),t+1} = \begin{cases} W_{salary,h(i,j),t} + \Delta w & \begin{array}{l} W_{salary,h(i,j),t} < \\ (W_{salary,h(i,j),t-1} - \Delta W) \end{array} \\ W_{salary,h(i,j),t} & \begin{array}{l} (W_{salary,h(i,j),t-1} - \Delta W) \leqslant \\ W_{salary,h(i,j),t} \leqslant (W_{salary,h(i,j),t-1} + \Delta W) \end{array} \\ W_{salary,h(i,j),t} - \Delta w & \begin{array}{l} W_{salary,h(i,j),t} > \\ (W_{salary,h(i,j),t-1} + \Delta W) \end{array} \end{cases}$$

$$(4.3)$$

（3）在生物质能市场中，农民依据政府与企业的决策，计算其收益，如式（4.4）所示。

$$\pi_{h(i,j),t} = \left(\frac{l_{farm}^2}{666.7} \times Q_{straw} \times (1 - b_{ratio}) \right) \times$$

$$(p_{power,t} + s_{subsidy,t} - t_{day} \times W_{salary,h}) - c_{tran,unit} \times s_{i,j} \qquad (4.4)$$

其中，$\pi_{h(i,j),t}$ 表示农民在生物质能市场中的收益，Q_{straw} 表示秸秆单位面积产量，b_{ratio} 表示秸秆非能源化利用所占比重。

（4）在生物质能市场中，农民产量决策如式（4.5）所示，其中 $q_{i,j}$ 表示农民 $F_{(i,j)}$ 的秸秆交易量。

$$q_{i,j} = \begin{cases} \dfrac{l_{farm}^2}{666.7} \times Q_{straw} \times (1 - b_{ratio}) & \pi_{i,j} > W_{salary,i,j} \\ 0 & \pi_{i,j} \leqslant W_{salary,i,j} \end{cases} \qquad (4.5)$$

（5）决策选择。假定最大偏好为回收，取值为 1，最小偏好为遗弃，取值为 0。将偏好取值分为 20 等份，代表不同偏好级别。基于玻尔兹曼分布选择一个最优偏好值 α_{gi}。通过调整 α_{gi}，改变其薪水要求。在 Q-learning 算法中，状态行为值是离散的。在仿真案例中，偏好值的取值范围是 [0，0.484]。采用玻尔兹曼分布函数选择偏好值，如式（4.6）所示。

$$\Pi(s, \alpha_{gi}) = \exp\left[\frac{Q(s, \alpha_{gi})}{T} \right] \Big/ \sum_{j=1}^{N} \exp\left[\frac{Q(s, \alpha_{gi})}{T} \right] \qquad (4.6)$$

其中，$\Pi(s,\alpha_{gi})$ 是状态为 s 时选择 α_{gi} 的概率。N 是可供选择偏好值的

个数。T是玻尔兹曼常数。当T较低时，函数将更可选。依据玻尔兹曼分布函数特征，$Q(s,\alpha_{gi})$越大，概率$\Pi(s,\alpha_{gi})$将更高。因此，偏好值α_{gi}选取将增大$Q(s,\alpha_{gi})$的被选取概率。

（6）两种决策下，农民收益函数如式（4.7）所示。

$$\pi_{h(i,j)} = \begin{cases} \pi_{h(i,j)} & \pi_{h(i,j)} > W_{\text{salary},\,h(i,j)} \\ W_{\text{salary},\,h(i,j)} & \pi_{h(i,j)} \leqslant W_{\text{salary},\,h(i,j)} \end{cases} \tag{4.7}$$

其中，$\pi_{i,j}$表示农民$F_{(i,j)}$的收益。

4.2.2 秸秆交易量及农民总收益模型

交易总量为所有农民售出秸秆量的总和，如式（4.8）所示。

$$Q = \sum_{i=1}^{m} \sum_{j=1}^{n} q_{i,j} \tag{4.8}$$

其中，Q表示生物质能市场中秸秆交易总量，$q_{i,j}$表示农民$F_{(i,j)}$最终秸秆交易量。

与秸秆交易总量计算类似，农民总收益可以表示为如式（4.9）所示。

$$\pi = \sum_{i=1}^{m} \sum_{j=1}^{n} \pi_{i,j} \tag{4.9}$$

其中，π表示农民的总收益，$\pi_{i,j}$表示农民$F_{(i,j)}$的收益。

4.2.3 秸秆原料定价模型

对于生物质发电厂而言，若实际回收量不能满足生物质发电厂规模，则会通过提高秸秆原料回收价格来增加实际秸秆回收量；若实际秸秆收集量远高于生物质发电厂的需求，则通过降低秸秆原料收购价格来减少实际秸秆回收量，如式（4.10）所示。

$$p_{t+1} = \begin{cases} p_t + \Delta P & Q - Q' > \Delta Q \\ p_t & |Q - Q'| \leqslant \Delta Q \\ p_t - \Delta P & Q - Q' < -\Delta Q \end{cases} \tag{4.10}$$

其中，p_t表示当前秸秆原料价格，p_{t+1}表示调整后的秸秆原料价格，ΔP表示秸秆原料价格调整步值，Q表示满足生物质发电厂规模的秸秆收集量，Q'表示秸秆实际收集量，ΔQ表示满足生物质发电厂规模的秸秆收集量和秸秆实际收集量之间的最小差值。

4.2.4 政府补贴模型

假定政府通过比较生物质能市场秸秆价格和劳动力成本，对农民进行补贴。若秸秆价格高于劳动力成本，则政府补贴力度不变；若秸秆价格低于劳动力成本，则政府增加补贴劳动力成本和秸秆价格之间的差价。政府补贴模型可以表示为

$$s_{t+1} = \begin{cases} s_t & p_t \geqslant c \\ s_t + (c - p_t) & p_t < c \end{cases} \tag{4.11}$$

其中，s_t 表示当前政府补贴力度，s_{t+1} 表示调整后的政府补贴力度，p_t 表示当前秸秆原料价格，c 表示吨秸秆收集农民劳动力成本。

4.3 本章小结

本章主要通过设计平台框架、仿真流程以及环境变量构建了生物质能直接补偿机制仿真平台。在此基础上构建了仿真主体决策模型。该决策模型主要包括：农民决策模型，主要分为在劳动力市场中的模型、在生物质能市场中的模型、决策选择模型以及在两种决策下的农民的收益函数；秸秆交易量及农民总收益模型；发电厂秸秆原料定价模型和政府补贴模型。最后根据政府、生物质发电厂和农民的决策模型，在仿真平台上对生物质能直接补偿机制进行仿真研究。

5 模型相关主要计算参数 及发展情景设计

我国幅员辽阔，气候环境差异大，农作物种植种类繁多。其中，粮食作物以稻谷、小麦、玉米、薯类、大豆等为主；而在经济作物中，相比于麻类作物、茶叶、烟叶等，油菜、棉花、花生和甘蔗的播种面积较大，且种植区域相对集中，便于秸秆的能源化利用。因此，选择稻谷、小麦、玉米、薯类、大豆、油菜、棉花、花生和甘蔗九种农作物作为评价对象。此外，书中的样本数据（如我国农作物播种总面积、各省区市农作物播种面积和农作物单位面积产量等）均来自国家数据农业数据库（http://data.stats.gov.cn/），且同类指标的统计口径均一致。

5.1 土壤生态最小保留量设计

5.1.1 土壤生态最小保留量的概念

农作物收获后，耕地表面无植被覆盖，易造成水土流失。因此，学者们最初主要从防止耕地水土流失的角度，对秸秆还田量进行研究。主要通过修正土壤流失方程和风蚀方程，对特定区域秸秆还田量与水土流失的关系进行研究。随着研究的不断深入，发现长期合理的秸秆还田能够综合土壤的酸碱度，提高土壤有机质、速效磷、速效氮含量，改善土壤质地。然而，过量的秸秆还田又会造成短期的土壤酸化，引发病虫害等，从而对农作物短期产量产生负影响。

现有相关研究在考虑秸秆还田评估可能源化秸秆资源潜力时，通常采用还田比进行计算，即秸秆还田量占秸秆总量的比例。该方法简单易算，但是存在一定的局限性。首先是还田比的设置，通常还田比的设置来自农业日常管理的经验数据，或者通过实地调研获得；其次，不同农作物秸秆的构成存在一定差异，秸秆还田后对土壤生态的影响不同。基于此，在已有秸秆生态还田研究的基础上，从水土流失、土壤有机质和农作物产量的角度，对土壤生态最小保留量的内涵进行了界定。土壤生态最小保留量是指在一定农业生产环境下，能够有效防止水土流失、维护和提高土壤有机质含量，提高农作物长期产量的最小秸秆还田量。

5.1.2　土壤生态最小保留量的计算

为有效评估土壤生态最小保留量，首先依照土壤生态最小保留量的概念，在知网中分别对研究不同农作物秸秆还田量与水土流失、与土壤有机质含量或土壤有机碳含量以及与农作物产量关系的文献进行检索；其次按照农作物的种类和影响因素，对上述文献进行分类，同时对不同研究文献的结论进行总结，得出不同农作物秸秆生态还田量的取值的最值，具体如式（5.1）和式（5.2）所示。

$$X_{j,a}^{\min} = (x_{j,a,1}^{\min}, x_{j,a,2}^{\min}, \cdots, x_{j,a,b}^{\min})\ ; b = 1,2,\cdots,B_a\ ; a = 1,2,3 \qquad (5.1)$$

$$X_{j,a}^{\max} = (x_{j,a,1}^{\max}, x_{j,a,2}^{\max}, \cdots, x_{j,a,b}^{\max})\ ; b = 1,2,\cdots,B_a\ ; a = 1,2,3 \qquad (5.2)$$

式中：$x_{j,a,b}^{\min}$ 和 $x_{j,a,b}^{\max}$ 分别表示在第 a 种影响因素下第 j 种农作物在第 b 篇研究中秸秆最小生态保留量和最大生态保留量；$X_{j,a}^{\min}$ 和 $X_{j,a}^{\max}$ 分别表示第 j 种农作物在第 a 类研究文献中秸秆最小生态保留量和最大生态保留量的集合；$a = 1$、$a = 2$ 和 $a = 3$ 分别表示研究秸秆还田量对水土流失、土壤有机质和农作物产量影响的文献；B_a 表示第 a 类影响因素下相关研究文献总量。在此基础上，在第 a 类影响因素下第 j 种农作物的秸秆生态还田范围（$R_{j,a}$）可以表示为式（5.3）。

$$R_{j,a} \in \left[\sum_{b=1}^{Ba} x_{j,a,b}^{\min}/B_a, \sum_{b=1}^{Ba} x_{j,a,b}^{\max}/B_a \right]\ ; a = 1,2,3 \qquad (5.3)$$

不同区域的环境气候存在差异，对土壤生态要求也存在差异。

而现阶段尚无法科学地确定上述三种要素在不同区域的重要性，同时受文献样本的制约（无法检索到我国 31 个省、自治区、直辖市对上述 9 种农作物的研究），因此未考虑区域间的差异，取上述三种影响因素的均值作为秸秆生态还田量，并将其视为土壤生态最小保留量。则不同农作物的土壤生态最小保留量的取值范围可以表示为式（5.4）。

$$\varepsilon_j \in \left[\sum_{a=1}^{3} \left(\sum_{b=1}^{Ba} x_{j,a,b}^{\min}/B_a \right) /3, \sum_{a=1}^{3} \left(\sum_{b=1}^{Ba} x_{j,a,b}^{\max}/B_a \right) /3 \right] \qquad (5.4)$$

由于在设计土壤生态最小保留量时未考虑区域差异，同时受样本数量的影响，土壤生态最小保留量的偏差较大。因此，为有效分析不同区域可能源化秸秆的生态潜力，引入情景分析法对土壤生态最小保留量进行设计。将式（5.4）中的下限值设置为低情景值，上限值设置为高情景值，上、下限的均值设置为中情景值。则在低情景值、中情景值和高情景值下，土壤生态最小保留量的计算如式（5.5）所示。

$$\varepsilon_j^{\text{low}} = \sum_{a=1}^{3} \left(\sum_{b=1}^{Ba} x_{j,a,b}^{\min}/B_a \right) /3$$

$$\varepsilon_j^{\text{middle}} = \left[\sum_{a=1}^{3} \left(\sum_{b=1}^{Ba} x_{j,a,b}^{\min}/B_a \right) + \sum_{a=1}^{3} \left(\sum_{b=1}^{Ba} x_{j,a,b}^{\max}/B_a \right) \right] /6 \qquad (5.5)$$

$$\varepsilon_j^{\text{high}} = \sum_{a=1}^{3} \left(\sum_{b=1}^{Ba} x_{j,a,b}^{\max}/B_a \right) /3$$

式中，$\varepsilon_j^{\text{low}}$、$\varepsilon_j^{\text{middle}}$ 和 $\varepsilon_j^{\text{high}}$ 分别表示第 j 种农作物土壤生态保留量的低情景值、中情景值和高情景值。

采用式（5.5）对主要农作物土壤生态最小保留量设计时发现，研究油菜秸秆、薯类秸秆、花生秸秆和甘蔗秸秆还田对水土流失、土壤有机质和农作物产量影响的相关研究文献较少。同时，相关研究表明，油菜秸秆与小麦秸秆的主要成分及比例相近，因此在设计油菜土壤生态最小保留量时，参照小麦秸秆土壤生态最小保留量进行设置；而薯类秸秆、花生秸秆和甘蔗秸秆的最小土壤生态保留量则取其他农作物最小保留量的均值。则在不同情景值下，不同农作物的土壤生态最小保留量如表 5.1 所示。

表 5.1　土壤生态最小保留量设计　　单位：吨/千米

情景	稻谷	小麦	玉米	豆类	薯类	棉花	花生	油菜	甘蔗
低	1.45	1.31	3.25	1.26	1.70	1.61	1.70	1.31	1.70
中	2.71	2.21	4.09	2.36	2.67	2.43	2.67	2.21	2.67
高	3.97	3.11	4.92	3.45	3.64	3.25	3.64	3.11	3.64

5.2　区域农作物播种面积设计

5.2.1　我国农作物播种面积预测

农作物播种面积不仅受区域耕地资源的影响，还与区域经济发展、政策、农业基础设施水平等密切相关。这些因素都具有一定不确定性，使农作物播种面积呈非线性变化。神经网络对非线性信息的处理能力强，能逼近复杂非线性函数。但其所需样本量较大，而中短期预测中样本量往往相对较小，无法充分发挥神经网络的优势。同时，在中短期预测中灰色神经预测所需样本量少，且能较好反映样本的变化趋势，但其对非线性信息处理的能力较差。而灰色神经网络模型融合了两种方法的优势，能够在较小样本量的情况下，对非线性函数进行拟合。基于此，拟采用串联灰色神经网络对农作物播种面积进行预测。

串联灰色神经网络的原理为：首先构建不同序列长度的 GM(1,1) 模型，并运用不同 GM(1,1) 模型计算出初始数据序列的预测值；然后将灰色模型的预测值作为神经网络的输入值，实际值作为输出样本，对神经网络进行训练，得到神经网络各节点对应的阈值，据此对未来进行预测。根据其基本预测原理，以 1995—2014 年我国农作物播种面积为样本，构建序列长度分别为 6、8 和 10 的 3 个 GM(1,1) 模型，并采用等维滚动法分别对 2005—2014 年我国农作物播种面积进行预测。将 3 个 GM (1, 1) 模型的预测结果作为神经网络的输入值，2005—2014 年我国农作物播种面积的实际样本作为输出值，构建三层 BP 神经网络。其中，输入层、隐含层和输出层的传递函数均为 Sigmoid 函数，预测值和实际值的拟合结果如图 5.1 所示。结果显示，播种面积将在 2024 年达到峰值 171 059 千公顷，随后将收敛稳定；2016 年、2020 年、2025 年和 2030 年播种面积分别为 167 173 千公顷、170 881 千公顷、171 059 千公顷和 171 059 千公顷。

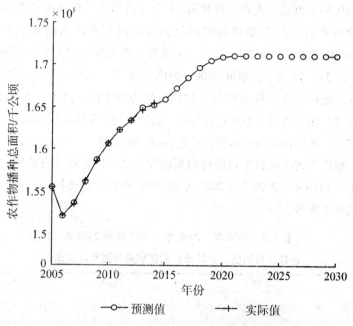

图 5.1　2005—2030 年中国农作物播种面积预测

5.2.2　各省（自治区、直辖市）农作物播种面积预测

为减少各省（自治区、直辖市）农作物播种面积预测的整体误差，未对各省（自治区、直辖市）农作物播种面积进行单独预测，而是在我国农作物播种总面积预测的基础上，对各省（自治区、直辖市）农作物播种面积占比进行预测，从而求解各省（自治区、直辖市）未来农作物播种面积。由于国家数据中没有各省（自治区、直辖市）农作物播种面积占比的统计指标，因此，采用各省（自治区、直辖市）农作物播种面积和我国播种总面积进行求解。在选取样本时间维度方面，以 2000—2012 年各省（自治区、直辖市）农作物占比为样本。在预测方法上，采用线性回归法分别对各省（自治

区、直辖市）农作物播种面积占比进行拟合。

研究发现，从 2000—2012 年各省（自治区、直辖市）农作物播种面积占比的回归系数来看，天津、河北、内蒙古等 14 个省（自治区、直辖市）农作物播种面积占比与时间呈高度的线性相关关系（$R^2 > 0.8$）；北京、山西、吉林等 11 个（自治区、直辖市）农作物播种面积占全国总播种面积的比例与时间有着较强的相关关系（$0.5 < R^2 < 0.8$），而辽宁、江西、湖北等 6 省的线性相关关系不明显（$R^2 < 0.5$）。因此，分别取 2000—2012 年辽宁、江西、湖北、湖南、海南、贵州农业播种面积占比的均值作为预测值，其他（自治区、直辖市）则采用拟合方程进行预测，最后对同一年份不同（自治区、直辖市）的农作物播种面积占比进行归一化处理。

根据上述我国农作物播种面积的预测值，则各省（自治区、直辖市）2016 年、2020 年、2025 年和 2030 年农作物播种面积及占比如表 5.2 所示。

表 5.2　2016 年、2020 年、2025 年和 2030 年
各省（自治区、直辖市）农作物播种面积及占比

| 省份 | R^2 | 2016 | | 2020 | | 2025 | | 2030 | |
		比例/%	面积/千公顷	比例/%	面积/千公顷	比例/%	面积/千公顷	比例/%	面积/千公顷
北京	0.638	0.14	240.73	0.12	205.06	0.09	153.95	0.06	102.64
天津	0.801	0.25	424.62	0.23	393.03	0.20	342.12	0.17	290.80
河北	0.939	5.26	8 793.30	5.12	8 749.11	4.95	8 458.87	4.77	8 159.51
山西	0.599	2.26	3 778.11	2.20	3 759.38	2.13	3 635.00	2.05	3 506.71
内蒙古	0.848	4.79	8 007.59	5.07	8 663.60	5.42	9 271.40	5.77	9 870.10
辽宁	0.269	2.46	4 105.77	2.46	4 203.67	2.47	4 216.60	2.47	4 225.16
吉林	0.655	3.37	5 627.04	3.45	5 895.39	3.56	6 081.15	3.66	6 260.76
黑龙江	0.744	8.46	14 142.84	9.06	15 481.82	9.81	16 780.89	10.56	18 063.83
上海	0.795	0.20	331.00	0.17	290.50	0.14	230.93	0.10	171.06
江苏	0.950	4.55	7 599.68	4.41	7 535.85	4.24	7 252.90	4.07	6 962.10
浙江	0.926	1.14	1 912.46	0.90	1 537.93	0.60	1 017.80	0.29	496.07
安徽	0.985	5.54	9 258.04	5.45	9 313.01	5.34	9 134.55	5.23	8 946.39
福建	0.934	1.20	2 002.73	1.05	1 794.25	0.87	1 479.66	0.68	1 163.20

表5.2(续)

省份	R^2	2016		2020		2025		2030	
		比例/%	面积/千公顷	比例/%	面积/千公顷	比例/%	面积/千公顷	比例/%	面积/千公顷
江西	0.277	3.43	5 734.03	3.43	5 861.22	3.43	5 867.32	3.43	5 867.32
山东	0.871	6.49	10 849.53	6.31	10 782.59	6.09	10 408.94	5.86	10 024.06
河南	0.980	9.12	15 252.86	9.24	15 789.40	9.39	16 053.89	9.53	16 301.92
湖北	0.139	4.78	7 984.18	4.78	8 168.11	4.79	8 185.17	4.79	8 193.73
湖南	0.003	5.08	8 485.70	5.08	8 680.75	5.09	8 698.35	5.09	8 706.90
广东	0.894	2.51	4 202.73	2.31	3 947.35	2.06	3 515.26	1.80	3 079.06
广西	0.570	3.47	5 804.25	3.30	5 639.07	3.09	5 277.17	2.87	4 909.39
海南	0.471	0.53	886.02	0.53	905.67	0.53	906.61	0.53	906.61
重庆	0.692	1.98	3 313.37	1.91	3 263.83	1.82	3 113.27	1.73	2 959.32
四川	0.834	5.82	9 722.78	5.72	9 774.39	5.60	9 579.30	5.48	9 374.03
贵州	0.151	3.05	5 098.78	3.05	5 211.87	3.05	5 217.30	3.05	5 217.30
云南	0.785	4.25	7 104.85	4.39	7 501.68	4.57	7 808.84	4.74	8 108.20
西藏	0.881	0.15	250.76	0.15	256.32	0.15	256.59	0.15	256.59
陕西	0.727	2.49	4 155.92	2.41	4 118.23	2.32	3 960.02	2.22	3 797.51
甘肃	0.851	2.57	4 303.03	2.63	4 494.17	2.70	4 618.59	2.77	4 738.33
青海	0.787	0.34	568.39	0.34	581.00	0.34	581.60	0.34	581.60
宁夏	0.594	0.83	1 394.22	0.87	1 486.66	0.92	1 565.19	0.96	1 642.17
新疆	0.950	3.51	5 867.77	3.87	6 613.09	4.32	7 389.75	4.77	8 159.51

注: 表中各省(自治区、直辖市)农作物播种面积占全国比经过归一化处理。

5.3 区域主要农作物单位面积产量设计

5.3.1 区域主要农作物种植比例设计

2000—2012 年,我国主要农作物播种比例相对稳定,稻谷、小麦、棉花、花生、油菜籽、甘蔗和烤烟的种植比例分别在 23.5%~24.5%、19.5%~20.5%、3.5%~5%、3.5%~4.5%、5%~6%、1%~1.5%、1%内小幅度波动,而玉米的播种比例有明显提高,2011 年比 2001

年约上升 6.1%，2001 年玉米的种植比例为 20.6%。此外，大豆、薯类、芝麻、黄红麻和甜菜的播种比例则略有下降，分别从 2001 年的 8%、8.7%、0.6%、0.04%、0.3% 下降到 2011 年的 6.3%、7.1%、0.3%、0.01%、0.1%。

从主要农作物种植比例来看，有部分省（自治区、直辖市）的某种农作物的种植比例发生了变化。2000—2012 年，北京市玉米的种植比例呈递增趋势，而其稻谷和玉米的种植比例则呈下降趋势，其余农作物种植比例上下波动。但大多数省（自治区、直辖市）主要农作物的种植比例变动不大，因此在设计主要农作物种植比例时，取 2000—2012 年各省（自治区、直辖市）主要农作物种植比例的平均值作为预测值，则未来各省（自治区、直辖市）主要农作物的播种占比如表 5.3 所示。

表 5.3　未来各省（自治区、直辖市）主要农作物种植比例

单位：%

农作物	北京	天津	河北	山西	内蒙古	辽宁	吉林	河南	上海	江苏	浙江
稻谷	0.62	3.23	1.04	0.06	1.41	15.49	13.11	3.98	28.11	28.17	37.83
小麦	17.62	21.31	27.41	19.52	7.74	0.81	0.37	36.52	9.79	24.69	2.83
玉米	38.01	31.21	31.38	32.50	30.88	46.59	56.81	18.91	1.02	5.33	1.63
大豆	3.97	4.74	3.64	9.57	16.93	6.48	11.82	4.20	1.90	4.59	6.03
薯类	1.19	0.26	3.59	7.55	9.70	3.15	1.96	2.97	0.24	1.27	3.74
棉花	2.61	0.44	4.91	0.35	0.21	5.79	2.07	7.00	0.27	2.08	0.64
花生	0	0	0.30	0.22	3.75	0.02	0	2.56	6.46	7.35	7.55
油菜	0.60	12.12	6.47	2.11	0.03	0.07	0.03	4.94	0.34	4.04	0.75
甘蔗	0	0	0	0	0	0	0	0.03	0.28	0.05	0.53

农作物	安徽	福建	江西	甘肃	陕西	湖北	湖南	广东	广西	海南	重庆
稻谷	23.88	39.07	57.64	0.15	3.16	26.74	48.24	44.09	36.58	39.07	20.97
小麦	24.42	0.42	0.36	25.75	29.16	11.45	0.76	0.10	0.14	0	7.39
玉米	7.61	1.59	0.35	15.35	26.15	5.97	3.51	3.24	8.93	2.18	13.68
大豆	10.67	4.11	3.25	5.96	7.25	3.56	2.90	2.04	3.78	1.30	6.27
薯类	3.18	11.99	2.56	15.07	7.77	4.68	4.03	7.78	4.20	12.30	20.97
棉花	2.58	4.23	2.90	0.03	0.73	2.51	1.56	6.80	3.31	4.93	1.39

表5.3(续)

农作物	安徽	福建	江西	甘肃	陕西	湖北	湖南	广东	广西	海南	重庆
花生	9.10	0.53	9.13	4.20	4.25	15.13	10.71	0.16	0.69	0	5.06
油菜	3.98	0.01	1.32	1.51	1.49	5.63	2.03	0	0.03	0	0.01
甘蔗	0.07	0.54	0.34	0	0.01	0.16	0.26	3.35	14.26	7.85	0.09

农作物	四川	贵州	云南	西藏	山东	青海	宁夏	新疆	黑龙江
稻谷	21.59	14.94	19.81	0.45	1.24	0	6.51	1.77	18.75
小麦	14.01	7.87	8.41	17.56	31.69	22.78	22.32	20.50	2.75
玉米	13.31	15.45	20.29	1.55	25.09	0	16.36	13.40	27.97
大豆	5.13	6.68	8.47	3.41	2.34	8.13	5.72	2.42	34.38
薯类	12.49	17.10	9.95	0.26	2.82	13.80	13.31	0.69	3.02
棉花	2.71	0.85	0.67	0.03	7.91	0	0	0.08	0.22
花生	8.92	9.77	0.36	9.52	0.14	31.59	0.04	1.73	0.09
油菜	0.32	0.03	0.01	0	7.44	0	0	32.50	0
甘蔗	0.26	0.37	4.71	0	0	0	0	0	0

5.3.2　区域主要农作物单位面积产量设计

整体来看,2000—2012 年我国稻谷、小麦、玉米、棉花、花生、油菜、甘蔗的单位面积产量都呈波动上升趋势,而豆类、薯类的单位面积产量则上下波动。分省(自治区、直辖市)来看,由于受自然环境和农业技术水平的影响,同种农作物的单位产量差异较大;同时,大多数省(自治区、直辖市)主要农作物的单位面积产量呈上升趋势。在农作物单位面积产量预测方面,若采用数学模型对农作物单位面积产量进行预测,则可能出现预测值与现实不符的现象。同时,在已有相关研究中,采用同种预测方法对上述农作物单位面积产量进行预测的研究较少。基于此,为确保预测值的有效性,采用模型预测和专家预测相结合的方法对各省(自治区、直辖市)主要农作物单位面积产量进行预测。首先,根据各省(自治区、直辖市)2000—2012 年主要农作物单位面积产量,采用线性回归方法进行预测;然后,请相关领域专家结合历史数据,从农业技术水平、气候条件、地力水平等角度,对各省(自治区、直辖市)主要农作物 2020 年和 2030 年的单位面积产量进行评估。若线性回归预测值小于专家预测值，则取线性回归预测值作为结果；反之，则取专家预测值作为结果，并采用加权平均法计算其余年份的单位面积产量。最终，各省（自治区、直辖市）2020 年和 2030 年主要农作物单位面积产量分别如图 5.2 和图 5.3 所示。其中，薯类单位面积产量均为折粮后单位面积产量，折合比为 5∶1。

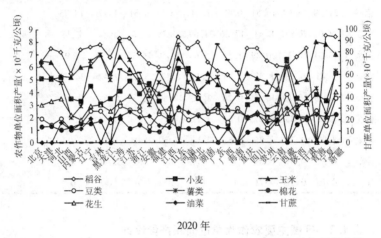

图 5.2　2020 年各省（自治区、直辖市）主要农作物单位面积产量

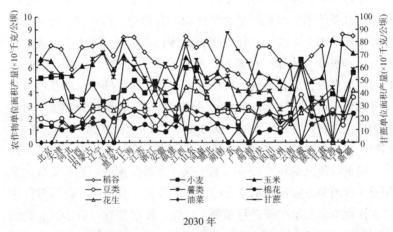

图 5.3　2030 年各省（自治区、直辖市）主要农作物单位面积产量

5.4 主要农作物草谷比及秸秆用途设计

草谷比系数是指农作物茎干产量与谷物产量之间的比值，是计算农作物秸秆产量的重要参数。然而，不同区域之间的农业发展水平以及气候环境存在差异，会对草谷比系数产生影响。在草谷比设计方面，暂不考虑区域之间的农作物草谷的差异，并通过文献调研的方式对主要农作物草谷比进行设计。由于我国棉花产量统计量为皮棉产量而非籽棉产量，因此参考文献（左旭等，2015）对棉花草谷比系数进行设计，其余农作物均参考文献（谢光辉等，2011；蔡亚庆等，2011）进行设计，则主要农作物草谷比系数如表5.4所示。

在秸秆主要用途设计方面，为便于统计运算，将用于纸张、人工板、餐具等非能源商品生产制造的秸秆归为工业用途，用工业占比进行表示；将用于制造饲料、肥料、菌类培植等涉及农业生产活动的秸秆归为农业用途，用农业占比进行表示；将用于农村生活供能和供暖的秸秆归为农村生活用能，用农村生活占比进行表示。本书主要综合文献（高虎等，2010；蔡亚庆等，2011；黄季焜等，2010）对不同农作物秸秆的工业占比、农业占比和农村生活占比进行设计，具体如表5.4所示。

表5.4 秸秆工业占比、农业占比、农村生活占比及草谷比设计

	稻谷	小麦	玉米	豆类	薯类	棉花	花生	油菜	甘蔗
草谷比	1.00	1.17	1.04	1.5	0.61	5.00	1.14	2.87	0.25
工业占比	0.04	0.19	0.01	0.01	0.01	0.05	0.01	0	0
农业占比	0.16	0.10	0.21	0.17	0.16	0.08	0.22	0.10	0.14
农村生活占比	0.25	0.18	0.22	0.31	0.12	0.40	0.32	0.33	0.07

5.5 秸秆能源化项目设计

目前，秸秆能源化利用的方式主要有秸秆直燃发电、秸秆混燃发电、秸秆气化发电、秸秆燃料成型和秸秆纤维素乙醇项目。常见秸秆直燃发电装机容量有6兆瓦和25兆瓦，而秸秆气化发电装机容量一般为12兆瓦以下；秸秆混燃发电主要为秸秆与煤或与生活垃圾混燃发电，其中秸秆与煤混燃发电主要是对现有火力发电机组进行改造，或新建秸秆与煤混燃发电厂，装机容量一般为12兆瓦或25兆瓦。然而，考虑到已有火力发电厂的选址以及混燃燃料成本难以核算，因此暂不考虑秸秆混燃发电项目。对于秸秆燃料成型项目，国内企业生产力水平较低，已有项目平均生产能力约为7 000吨/年。在秸秆纤维素乙醇方面，国内尚处于产业化前期研究阶段，多为中试项目，实际投入商业化运作的极少。在上述基础上，采用文献调研的方法对不同类型秸秆能源化利用项目的规格、前期投资、维修系数、工人工资、项目周期等进行设计，具体如表5.5所示。

表5.5　秸秆能源化项目设计

项目类型	规格	前期投资	维修系数	工人工资	加工成本	项目周期	发电时间
秸秆直燃发电	6兆瓦	9 500 元/千瓦	0.005	400万元/年	4元/吨	15吨	6 700 小时/年
	25兆瓦			500万元/年	4元/吨		
秸秆气化发电	12兆瓦	9 000 元/千瓦	0.005	450万元/年	4元/吨	15年	6 700 小时/年
纤维素乙醇	5万吨/年	8 700 元/吨	0.005	450万元/年	3 600元/吨	20年	—
	10万吨/年			600万元/年			
秸秆固体成型	5 000吨/年	600 元/吨	0.05	150万元/年	40万元/年	10年	—
	1万吨/年			250万元/年	80万元/年		

注：秸秆直燃发电简写为SDFPG，秸秆气化发电简写为SGPG，纤维素乙醇简写为CE，秸秆固体成型简写为BMF。

5.6　发展情景设计

本书主要从政府层面、技术层面和企业层面，对未来发展情景进行设计。

在政府层面，设计了无政策激励情景和现有政策激励情景，以分析现有政策的效力。其中，无政策激励情景是指政府不对秸秆能源化企业给予除税收以外的激励；在无政策激励情景中，主要参照《关于完善农林生物质能发电价格政策的通知（2010）》《可再生能源发电价格和费用分摊管理试行办法（2006）》和《秸秆能源化利用补助资金管理暂行办法（2008）》，对不同秸秆能源化企业政策激励强度进行设计。

在技术层面，设计了现有技术水平和技术进步发展情景。其中，现有技术水平主要是依据当前中国国内秸秆新型能源化项目的转换效率进行设计，而技术进步发展情景则主要是参照国外同类型能源转换技术的转换效率进行设计。此外，由于秸秆燃料成型转化效率高，从转化效率角度进行设计不能体现技术进步的影响，因此从成本角度进行设计。

在企业层面，根据可能源化秸秆企业年投资回报率的大小，设计了低投资收益情景、中投资收益情景和高投资收益情景。为判断可能源化秸秆企业的区域适宜性，将低投资收益情景的年投资收益率设为0，而中投资收益情景和高投资收益情景折现后的年投资收益率分别设置为5%和10%。则整个发展情景图如图5.4所示。在政策激励情景和技术进步发展情景下，秸秆能源化项目的政策激励强度和技术进步发展情景设计、各区域生物质发电上网电价分别如表5.6和表5.7所示。

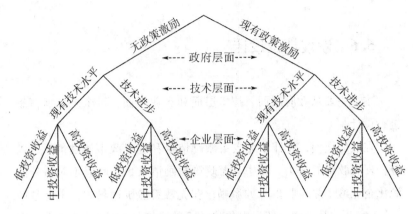

图 5.4　发展情景

表 5.6　政策激励强度和技术进步发展情景设计

项目类型	无政策激励	政策激励	现有技术水平	技术进步
秸秆直燃发电	见表 4.7	0.75	20%	30%
秸秆气化发电		元/千瓦时	20%	30%
5 000 吨/年秸秆燃料成型	0	0	0	10%
10 000 吨/年秸秆燃料成型	0	140 元/吨	0	10%
纤维素乙醇	0	140 元/吨	15%	20%

表 5.7　各区域生物质发电上网电价

单位：元/千瓦时

北京	天津	河北	山西	辽宁	吉林	黑龙江	上海	江苏	浙江	陕西
0.600	0.600	0.600	0.525	0.565	0.565	0.565	0.665	0.640	0.670	0.550

湖北	湖南	广西	海南	重庆	四川	贵州	云南	西藏	广东	内蒙古
0.632	0.653	0.627	0.637	0.587	0.598	0.538	0.520	0.505	0.703	0.565

江西	山东	河南	宁夏	新疆	福建	青海	安徽	甘肃
0.635	0.605	0.599	0.501	0.500	0.629	0.505	0.621	0.501

5.7　本章小结

　　本章主要对相关参数及发展情景进行了设计，其中在秸秆生态还田理论的基础上提出了土壤生态最小保留量的概念，并采用文献调研和情景分析法对主要农作物的土壤生态最小保留量进行了设计；采用灰色神经网络和线性回归的方法，对 2016—2030 年我国各省（自治区、直辖市）农作物播种面积进行预测；以 2000—2012 年我国各省（自治区、直辖市）主要农作物播种占比为基础，设计我国各省（自治区、直辖市）未来主要农作物播种占比；通过线性回归法和专家预测法，对不同省（自治区、直辖市）主要农作物单位面积产量进行设计；通过文献调研的方法，设计了主要农作物的草谷比系数、不同农作物秸秆用途占比和秸秆能源化项目；最后，从政府层面、技术层面和企业层面，运用情景分析法共设计了 12 种发展情景。

6 区域主要农作物可能源化 秸秆生态潜力

6.1 区域可能源化秸秆

在低、中、高土壤生态最小保留量情景下，2030 年主要农作物可能源化秸秆生态总量分别为 22 796 万吨、13 718 万吨和 7 756 万吨。

在低保留情景下，可能源化秸秆主要集中在河南、山东、黑龙江、四川、广西、湖南、新疆、江苏，2030 年分别约占可能源化秸秆总量的 10.64%、7.7%、6.36%、5.65%、5.57%、5.49%、5.18%、5.16%，而北京、天津、山西、上海、浙江、福建、海南、西藏、青海、宁夏的占比不足 1%。河北、吉林、安徽、江西、广东、云南分别占总量的 3%~5%，其余省份的占比均为 1%~3%。此外，随着时间的增长，内蒙古、辽宁、吉林、黑龙江、江西、河南、湖北、湖南、云南、甘肃和新疆可能源化秸秆占全国可能源化秸秆总量的比重逐年递增，而其余省（自治区、直辖市）则递减。

在中保留情景下，可能源化秸秆生态资源的空间分布基本与低保留情景一致，主要集中在河南、山东、四川、黑龙江、云南、新疆、江苏和湖北，2030 年分别约占总量的 11.16%、8.02%、7.63%、6.13%、5.69%、5.24%、5.02%、5.01%；同时，北京、天津、山西、上海、浙江、海南、西藏、陕西、青海、宁夏的占比不足 1%，而河北、安徽、湖南、广东、重庆可能源化秸秆分别占总量的 3%~5%，其余省（自治区、直辖市）为 1%~3%。相比于低保留情景，中保留情景中可能源化秸秆占比超过 5% 的省份数要少于低保留情景，但可能源化秸秆占比超过 6% 的省份数却大于低保留情景，同时可能源化秸秆资源占比小于 1% 的省份数要少于低保留情景。由此可见，相比于低保留情景，中保留情景中可能源化秸秆资源的空间分布相对集中。

在高保留情景下，可能源化秸秆资源主要分布在广西、河南、山东、四川、黑龙江，2030 年分别约占可能源化秸秆总量的 10.54%、10.01%、8.93%、8.67%、7.15%。北京、天津、山西、上海、浙江、西藏、陕西、青海、宁夏的占比均小于 1%。河北、内蒙古、江苏、湖北、湖南、广东、重庆、甘肃、新疆的占比均在 3%~5% 之间，其余省份的占比为 1%~3%。与中保留情景相比，在高保留情景中，可能源化秸秆资源在空间分布上相对集中。在不同情景下，我国各省（自治区、直辖市）主要农作物可能源化秸秆生态总量分别如表 6.1 所示。

表 6.1　2016 年、2020 年、2025 年和 2030 年在不同情景下
我国各省（自治区、直辖市）可能源化秸秆生态总量

单位：万吨

省份	低情景				中情景				高情景			
	2016	2020	2025	2030	2016	2020	2025	2030	2016	2020	2025	2030
北京	17	15	12	8	7	6	5	3	3	3	2	1
天津	27	26	23	20	11	11	10	9	1	1	2	2
河北	844	866	868	868	497	519	531	540	217	238	258	276
山西	136	142	146	150	44	48	52	59	16	20	24	28
内蒙古	481	535	592	651	293	322	352	382	202	224	247	270
辽宁	451	472	486	500	266	276	282	288	151	159	164	170
吉林	674	728	779	831	267	286	314	348	154	167	180	192
黑龙江	1 015	1 128	1 269	1 449	607	680	759	841	298	336	377	420
上海	37	33	26	20	21	18	15	11	7	7	6	4

表6.1(续)

省份	低情景				中情景				高情景			
	2016	2020	2025	2030	2016	2020	2025	2030	2016	2020	2025	2030
江苏	1 244	1 246	1 214	1 180	716	720	705	689	254	259	257	254
浙江	271	220	147	72	156	128	86	43	60	49	33	16
安徽	1 065	1 088	1 088	1 086	473	490	498	505	97	99	99	99
福建	368	333	278	222	238	216	182	146	169	153	128	102
江西	779	805	816	826	327	342	351	360	108	112	115	118
山东	1 842	1 847	1 802	1 754	1 151	1 155	1 129	1 101	710	716	705	692
河南	2 193	2 292	2 359	2 424	1 378	1 442	1 487	1 531	671	711	744	776
湖北	1 113	1 149	1 163	1 177	644	666	677	687	294	308	318	328
湖南	1 217	1 251	1 261	1 270	626	646	655	663	247	255	260	264
广东	843	798	718	635	558	531	480	426	437	414	373	330
广西	1 492	1 459	1 375	1 289	1 105	1 082	1 023	961	946	925	872	817
海南	183	189	191	193	128	132	133	135	110	114	115	117
重庆	690	682	652	621	515	509	486	463	360	356	341	325
四川	1 610	1 623	1 596	1 567	1 069	1 079	1 063	1 046	681	690	682	673
贵州	514	529	534	538	331	341	346	350	179	186	189	193
云南	977	1 037	1 085	1 133	673	714	748	781	478	507	531	554
西藏	15	15	15	15	10	10	10	10	5	5	5	5
陕西	284	284	277	269	116	117	116	114	63	65	65	65
甘肃	455	480	501	521	324	341	353	365	255	268	278	288
青海	75	78	80	82	53	55	56	58	43	45	46	47
宁夏	135	147	159	172	65	71	78	85	25	29	33	37
新疆	836	963	1 105	1 252	458	534	623	718	157	194	241	292
合计	21 882	22 457	22 619	22 796	13 125	13 487	13 605	13 718	7 398	7 614	7 688	7 756

6.2 区域可能源化秸秆生态资源构成

在不同情景下，我国各省（自治区、直辖市）主要农作物可能源化秸秆资源构成及变化趋势如表 6.2 所示。在低保留情景中，可能源化秸秆主要由稻谷、薯类和小麦秸秆构成，2016 年和 2030 年分别约占总量的 30.61%、30.18%、18.63% 和 29.57%、29.88%、18.84%，其中，稻谷、薯类、棉花、甘蔗秸秆占比逐年下降，而小麦、玉米、豆类、花生和油菜秸秆占比逐年增加。在中保留情景中，可能源化秸秆资源同样主要由稻谷、小麦和薯类秸秆构成，2016 年和 2030 年分别约占总量的 22.20%、15.24%、43.07% 和 22.21%、15.73%、42.64%，其中，可能源化花生秸秆为 0，可能源化玉米秸秆和豆类秸秆占比几乎为 0。相比于低保留情景和中保留情景，高保留情景中可能源化秸秆主要由薯类秸秆和甘蔗秸秆构成，2016 年和 2030 年分别约占总量的 63.53%、20.26% 和 63.22%、18.57%，其中玉米、豆类、花生秸秆占比为 0，棉花秸秆占比小于 1%。

表 6.2　2016 年、2020 年、2025 年和 2030 年在不同情景下
我国各省（自治区、直辖市）可能源化秸秆资源构成　　单位:%

情景	年份	稻谷	小麦	玉米	豆类	薯类	棉花	花生	油菜	甘蔗
低	2016	30.61	18.63	3.00	1.08	30.18	2.15	0.38	5.78	8.19
	2020	30.35	18.71	3.21	1.11	30.13	2.15	0.40	6.03	7.91
	2025	29.99	18.79	3.57	1.16	30.03	2.15	0.41	6.35	7.55
	2030	29.57	18.84	4.06	1.24	29.88	2.14	0.42	6.66	7.18
中	2016	22.20	15.24	0.08	0.03	43.07	1.04	0.00	5.80	12.54
	2020	22.24	15.39	0.08	0.04	42.98	1.05	0.00	6.12	12.09
	2025	22.24	15.56	0.19	0.05	42.83	1.07	0.00	6.53	11.52
	2030	22.21	15.73	0.35	0.06	42.64	1.09	0.00	6.96	10.95

表6.2(续)

情景	年份	稻谷	小麦	玉米	豆类	薯类	棉花	花生	油菜	甘蔗
高	2016	4.28	7.32	0.00	0.00	63.53	0.46	0.00	4.14	20.26
	2020	4.48	7.57	0.00	0.00	63.41	0.50	0.00	4.53	19.51
	2025	4.74	7.89	0.00	0.00	63.22	0.54	0.00	5.04	18.57
	2030	4.98	8.20	0.00	0.00	63.22	0.58	0.00	5.59	18.57

6.3 区域可能源化秸秆生态资源密度

秸秆能源化利用不仅与秸秆资源量有关，还与秸秆分布密度有关。在高密度地区，单位面积秸秆资源丰富，秸秆收运成本较低，适合大型秸秆能源企业；而在低密度地区，秸秆收运成本高，不适合大型秸秆能源企业。目前，通常采用耕地面积或农作物播种面积来计算秸秆资源密度。相比于耕地面积，农作物播种面积包括了复种面积。若采用耕地面积计算秸秆资源密度，相当于在时间维度上对秸秆资源密度进行了累加；但对企业而言，在某一时间点农作物播种面积是不一定的，而区域耕地面积是相对不变的。因此，用耕地面积来计算秸秆资源密度，不能有效地反映特定时间点的秸秆资源密度，从而影响秸秆开发项目的规划，故选择采用农作物播种面积来计算秸秆资源密度。

在不同情景下，我国各省（自治区、直辖市）主要农作物可能源化秸秆资源密度如表6.3所示。在低保留情景中，2030年主要农作物可能源化秸秆资源密度约为172吨/平方千米，其中上海、江苏、浙江、福建、山东、广东、广西、海南、重庆、四川和新疆的秸秆资源密度较高，均大于200吨/平方千米；共有15个省（自治区、直辖市）的资源密度为100~200吨/平方千米，分别为北京、河北、辽宁、吉林、安徽、江西、河南、湖北、湖南、贵州、云南、西藏、甘肃、青海、宁夏；其余省（自治区、直辖市）秸秆资源密度均小于100吨/平方千米。在中保留情景中，2030年可能源化秸秆资源密度约为 103 吨/平方千米，其中广西的秸秆资源密度最大约为 272 吨/平方千米，仅广东、广西、海南和重庆的秸秆资源密度大于 200 吨/平方千米，上海、江苏、浙江、福建、山东、河南、湖北、湖南、四川、云南、西藏、甘肃、青海和新疆的秸秆资源密度为 100～200 吨/平方千米，其余省（自治区、直辖市）秸秆资源密度均小于 100 吨/平方千米。在高保留情景中，2030 年可能源化秸秆资源密度约为 58 吨/平方千米。其中，广西的秸秆资源密度大于 200 吨/平方千米，福建、广东、海南、重庆、青海的秸秆资源密度为 100～200 吨/平方千米，而其余省（自治区、直辖市）秸秆资源密度均小于 100 吨/平方千米。

表 6.3 2016 年、2020 年、2025 年和 2030 年在不同情景下我国各省（自治区、直辖市）秸秆资源密度

单位：吨/平方千米

省份	低情景				中情景				高情景			
	2016	2020	2025	2030	2016	2020	2025	2030	2016	2020	2025	2030
北京	109	112	116	120	47	48	50	51	19	19	20	21
天津	87	89	92	96	35	37	39	41	3	4	6	8
河北	122	126	130	135	72	75	80	84	31	35	39	43
山西	50	53	56	59	16	18	20	23	6	7	9	11
内蒙古	85	87	90	93	52	53	54	55	36	37	38	39
辽宁	140	143	147	151	82	84	85	87	47	48	50	51
吉林	139	143	149	154	55	56	60	65	32	33	34	36
黑龙江	82	84	87	92	49	50	52	53	24	25	26	27
上海	227	228	231	233	128	130	132	134	46	48	49	51
江苏	211	213	216	218	121	123	125	127	43	44	46	47
浙江	229	231	234	237	132	134	137	140	51	51	52	53
安徽	135	137	139	142	60	62	64	66	12	12	13	13
福建	296	298	301	304	191	194	196	199	136	137	139	140
江西	175	177	179	181	73	75	77	79	24	25	25	26
山东	216	218	220	223	135	136	138	140	83	85	86	88

表6.3(续)

省份	低情景				中情景				高情景			
	2016	2020	2025	2030	2016	2020	2025	2030	2016	2020	2025	2030
河南	177	179	181	183	111	113	114	116	54	56	57	59
湖北	184	185	188	190	106	108	109	111	49	50	51	53
湖南	194	195	196	197	100	101	102	103	39	40	40	41
广东	296	299	302	305	196	199	202	204	154	155	157	158
广西	357	359	362	365	265	267	269	272	226	228	230	231
海南	305	307	311	314	213	215	217	219	184	186	188	190
重庆	274	275	277	278	205	205	206	207	143	144	144	145
四川	210	211	212	212	140	140	141	142	89	90	90	91
贵州	138	139	140	141	89	90	91	92	48	49	50	51
云南	183	184	185	186	126	127	127	128	90	90	90	91
西藏	180	180	180	180	116	116	116	116	60	60	60	60
陕西	85	86	87	89	35	36	37	38	19	20	21	21
甘肃	155	157	159	162	111	112	112	113	87	88	89	89
青海	174	175	178	180	122	124	125	127	100	101	102	104
宁夏	151	155	159	163	72	75	78	81	28	30	33	35
新疆	195	199	205	210	107	111	115	120	37	40	45	49
平均	170	170	171	172	102	102	103	103	57	58	58	58

6.4 本章小结

本章主要是对不同区域可能源化秸秆资源的生态潜力进行评估，并从秸秆资源构成和秸秆资源密度角度进行了分析，同时也为计算可能源化秸秆的技术经济生态总量提供基础。研究发现：①在低保留情景中，2030年主要农作物可能源化秸秆资源量和资源密度分别为22 796万吨和172吨/平方千米；秸秆资源主要分布在河南、山东、黑龙江、四川和广西，其构成主要以稻谷、薯类和小麦秸秆为主。②在中保留情景中，2030 年主要农作物可能源化秸秆资源量和资源密度分别为 13 718 万吨和 103 吨/平方千米；秸秆资源主要分布在河南、山东、四川、黑龙江和云南，其构成主要以稻谷、小麦和薯类秸秆为主。③在高保留情景中，2030 年主要农作物可能源化秸秆资源量和资源密度分别为 7 756 万吨和 58 吨/平方千米；秸秆资源主要分布在广西、河南、山东、四川和黑龙江，其构成主要以薯类秸秆和甘蔗秸秆为主。

7 区域主要农作物可能源化秸秆技术经济生态总量

区域可能源化秸秆技术经济生态总量的评估，对我国秸秆能源化产业布局及战略制定有着重要的现实意义。本书在分析可能源化秸秆生态潜力时，考虑了播种面积、种植结构等因素对生态潜力的非线性影响，分析预测到 2030 年。但若从总量角度对可能源化秸秆技术经济潜力进行分析，不能直观反映区域差异对秸秆能源化产业布局的影响。因此，为深入探讨经济性和技术水平对可能源化秸秆产业布局的影响，本书在上述分析研究的基础上选择 2030 年作为案例进行了深入探讨。

7.1 不同秸秆能源化项目秸秆理论需求量

项目的秸秆理论需求量是判定其是否在该区域具有经济可行性的衡量标准。若其秸秆经济收集量大于秸秆理论需求量，则表明其在该区域具有经济性；反之，则表明其在该区域不具有经济性。但对发电类项目而言，在不同土壤生态最小保留量情景下，区域可能源化秸秆资源的构成不同，使得不同区域可能源化秸秆单位平均热值存在差异，从而对发电类项目的秸秆理论需求量产生影响。然而，就非发电类项目而言，区域可能源化秸秆资源构成差异，对最终秸秆理论需求量影响较小。

稻谷、小麦、玉米、豆类、薯类、花生、油菜、棉花和甘蔗秸秆的单位热值分别取 12 572.7 千焦/千克、14 653.5 千焦/千克、15 503.4 千焦/千克、15 913.7 千焦/千克、12 572.7 千焦/千克、15 913.7 千焦/千克、23 445.6 千焦/千克、23 445.6 千焦/千克和 23 445.6 千焦/千克。在上述研究的基础上，根据公式（3.20）和公式（3.19），结合表5.5和表6.2中的数据，对不同土壤生态最小保留量下不同秸秆能源化项目的秸秆理论需求量进行计算。

7.1.1　低土壤生态最小保留量

在现有技术水平下，各省（自治区、直辖市）6 兆瓦直燃发电项目的秸秆理论需求量为 3.75 万~5.95 万吨。其中，广西壮族自治区的秸秆理论需求量最小、约为 3.75 万吨，黑龙江省的秸秆理论需求量最大、约为 5.95 万吨，平均秸秆理论需求量约为 5.33 万吨。25 兆瓦直燃发电项目和 12 兆瓦气化发电项目平均秸秆理论需求量分别约为 22.2 万吨和 10.66 万吨，年产 5 万吨和 10 万吨纤维素乙醇项目的秸秆理论需求量分别约为 35.09 万吨和 70.18 万吨，年产 0.5 万吨和 1 万吨燃料成型项目分别需秸秆 0.53 万吨和 1.05 万吨。不同区域秸秆能源化项目的秸秆理论需求量具体如图 7.1（a）所示。

在技术进步情景下，装机容量为 6 兆瓦和 25 兆瓦的直燃发电项目的秸秆理论需求量分别约为 3.55 万吨和 14.8 万吨，装机容量为 12 兆瓦的气化发电项目秸秆理论需求量约为 7.1 万吨。年产 5 万吨和 10 万吨纤维素乙醇项目的秸秆理论需求量分别约为 26.3 万吨和 52.6 万吨。就燃料成型项目而言，由于燃料成型项目的技术进步主要是从成本上进行设计的，对秸秆理论需求量无影响，因此燃料成型项目的秸秆理论需求量与现有技术水平相同，分别约为 0.53 万吨和 1.05 万吨，则不同区域秸秆能源化项目的秸秆理论需求量具体如图 7.1（b）所示。

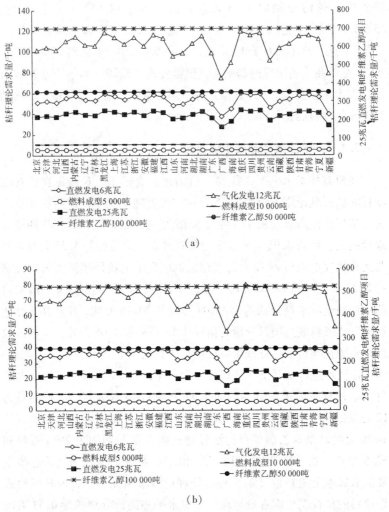

(a)

(b)

图 7.1　低土壤生态保留情景下不同区域秸秆能源化项目的
秸秆理论需求量

7.1.2　中土壤生态最小保留量

在现有技术水平下，6 兆瓦和 25 兆瓦直燃发电项目的秸秆理论
需求量分别为 3.46 万~6.06 万吨和 14.42 万~25.24 万吨，平均分别
约为 5.4 万吨和 22.48 万吨。12 兆瓦秸秆气化发电项目的秸秆理论

需求量为 6.92 万～12.11 万吨，平均秸秆理论需求量为 10.8 万吨。对于纤维素乙醇项目和燃料成型项目，区域可能源化秸秆资源的构成对秸秆理论需求量影响较小。因此，在中土壤生态最小保留量下，纤维素乙醇项目与燃料成型项目的秸秆理论需求量不变，与低土壤生态最小保留量时相同。不同秸秆能源化项目在不同区域的秸秆理论需求量具体如图 7.2（a）所示。

在技术进步情景下，6 兆瓦和 25 兆瓦直燃发电项目以及 12 兆瓦气化发电项目的平均秸秆理论需求量分别约为 3.6 万吨、14.99 万吨和 7.19 万吨。同时，年产 5 万吨和 10 万吨纤维乙醇项目的秸秆理论需求量仍然分别为 26.3 万吨和 52.6 万吨，年产 0.5 万吨和 1 万吨燃料成型项目的秸秆理论需求量分别为 0.53 万吨和 1.05 万吨。则在技术进步情景下，不同区域不同秸秆能源化项目的秸秆理论需求量具体如图 7.2（b）所示。

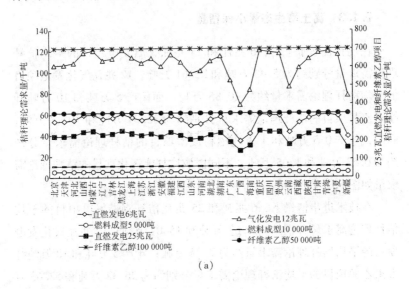

（a）

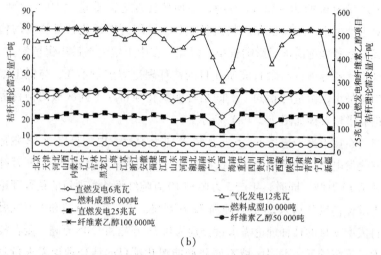

图例：

◇ 直燃发电6兆瓦　　　　　△ 气化发电12兆瓦
○ 燃料成型5 000吨　　　　　— 燃料成型10 000吨
■ 直燃发电25兆瓦　　　　　● 纤维素乙醇50 000吨
✳ 纤维素乙醇100 000吨

（b）

图 7.2　中土壤生态保留情景下不同区域秸秆能源化项目的秸秆理论需求量

7.1.3　高土壤生态最小保留量

在现有技术水平下，6 兆瓦和 25 兆瓦直燃发电项目的平均秸秆理论需求量分别约为 5.43 万吨和 22.61 万吨，12 兆瓦气化发电项目的平均秸秆理论需求量约为 10.85 万吨；而年产 5 万吨和 10 万吨纤维素乙醇项目的秸秆理论需求量分别约为 35.09 万吨和 70.18 万吨；同时，年产 0.5 万吨和 1 万吨燃料成型项目的秸秆理论需求量分别约为 0.53 万吨和 1.05 万吨。不同区域秸秆能源化项目的秸秆理论需求量如图 7.3（a）所示。

在技术进步情景下，6 兆瓦和 25 兆瓦秸秆直燃发电项目的平均秸秆理论需求量分别约为 3.62 万吨和 15.07 万吨；12 兆瓦气化发电项目的平均秸秆理论需求量约为 7.24 万吨；年产 5 万吨和 10 万吨纤维素乙醇项目的平均秸秆理论需求量分别约为 26.32 万吨和 52.63 万吨。年产 0.5 万吨和 1 万吨燃料成型项目的秸秆理论需求量仍分别为 0.53 万吨和 1.05 万吨，则不同秸秆能源化项目在不同区域的秸秆理论需求量如图 7.3（b）所示。

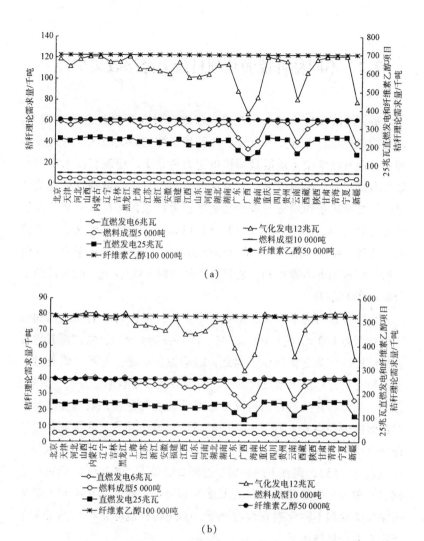

图 7.3　高土壤生态保留情景下不同区域秸秆能源化项目的
秸秆理论需求量

7.2 不同秸秆能源化项目最大经济收集半径

最大经济收集半径是指在优先保障项目投资收益率的基础上，秸秆能源化项目可收集具有经济性秸秆资源的最大范围。为表述方便，将现有技术和无政策激励情景记为情景Ⅰ，将现有技术和现有政策激励情景记为情景Ⅱ，将技术进步和无政策激励情景记为情景Ⅲ，将技术进步和现有政策激励情景记为情景Ⅳ。在最大经济收集半径计算方面，由计算公式（3.18）可知，部分数据可从表5.5获取。另外，贴现率取0.1，秸秆单位运价取1.5元/吨·千米，发电类项目厂内用电率取0.11，成型燃料单价取700元/吨，燃料乙醇单价取6600元/吨。

在秸秆原料成本方面，稻谷、小麦、玉米和棉花秸秆的田间收购价分别为140元/吨、140元/吨、150元/吨、60元/吨，而其他农作物秸秆的相关资料较少。因此，以稻谷、小麦、玉米、棉花秸秆单价与其折算标准煤系数比值的均值为基准，分别乘以豆类、薯类、花生、油菜和甘蔗秸秆的折算标准煤系数进行定价，则豆类、薯类秸秆单价分别为135.75元/吨、107.25元/吨，花生、油菜和甘蔗秸秆单价均为200元/吨；农民日工资从《中国农村统计年鉴》获取。根据式（3.15），则在不同土壤生态保留情景下，各省（自治区、直辖市）单位秸秆资源成本和人工成本如附表1所示。在不同土壤生态保留情景和不同年投资收益率下，不同秸秆能源化项目的最大经济收集半径具体如下。

7.2.1 低土壤生态最小保留量

7.2.1.1 年投资回报率为0时生态最小保留量

在不同技术水平和政策激励强度下，纤维素乙醇项目的总成本均大于总收益，因此其可最大经济收集半径均为0，并未在图中标出。

在情景Ⅰ中，6兆瓦直燃发电机组仅在湖南、广东、广西和海南具有经济性，最大经济收集半径分别约为 4.77 千米、11.21 千米、9.47 千米和 8.71 千米；除天津、山西、黑龙江等 8 省市外，25 兆瓦直燃发电项目在其他地区均具有经济性，各区域最大经济收集半径为 6.88~24.87 千米，平均最大经济收集半径约为 18.76 千米。而装机容量为 12 兆瓦的气化发电项目，仅在河北、内蒙古、上海等 18 个省（自治区、直辖市）具有经济性，平均最大经济收集半径约为 13.58 千米。对于秸秆燃料成型项目，年产 5 000 吨项目仅在内蒙古、重庆、四川等 7 个省（自治区、直辖市）具有经济性，平均最大经济收集半径约为 3.86 千米；年产 1 万吨项目除在北京、天津、上海、广西和新疆不具有经济性外，在其余省（自治区、直辖市）均具有经济性，平均最大经济收集半径约为 7.63 千米。

在情景Ⅱ中，6 兆瓦、25 兆瓦直燃发电项目和 2 兆瓦气化发电项目在各省（自治区、直辖市）的最大经济收集半径分别为 10.08~26.11 千米、24.96~49.15 千米、18.39~37.35 千米，平均最大经济收集半径分别约为 17.47 千米、33.68 千米和 24.59 千米。与此同时，年产 1 万吨燃料成型项目在不同区域的最大经济收集半径为 10.55~21.29 千米，平均最大经济收集半径约为 14.62 千米；而年产 5 000 吨燃料成型项目的最大经济收集半径及经济性区域分布与情景Ⅰ相同。

在情景Ⅲ中，6 兆瓦直燃发电项目除在西藏、甘肃、青海、宁夏和新疆不具有经济性外，在其余省（自治区、直辖市）均具有经济性，平均最大经济收集半径约为 13.50 千米；同时，年产 5 000 吨燃料成型项目在北京、天津、上海、广西、新疆不具有经济性，其余省（自治区、直辖市）的最大经济收集半径平均约为 6.12 千米。而 25 兆瓦直燃发电项目、12 兆瓦气化发电项目和年产 1 万吨燃料成在各省（自治区、直辖市）均具有经济性，最大经济收集半径分别为 21.83~35.47 千米、14.77~25.48 千米和 5.82~15.33 千米，平均最大经济收集半径分别约为 29.09 千米、21.53 千米和 9.89 千米。

在情景Ⅳ中，发电类项目和年产 1 万吨燃料成型项目在各省（自治区、直辖市）均具有经济性，各省（自治区、直辖市）6 兆瓦、25 兆瓦直燃发电项目、12 兆瓦气化发电项目和年产 1 万吨燃料成型项目的最大经济收集半径分别为 17.43~31.42 千米、31.32~55.81

千米、23.98~42.83 千米，平均最大经济收集半径分别约为 21.81 千米、38.91 千米、29.83 千米和 14.39 千米。而年产 5 000 吨燃料成型项目的最大经济收集半径及经济性区域分布与情景Ⅲ相同。在不同技术水平和政策激励程度下，不同秸秆能源化项目在不同区域的最大经济收集半径具体如图 7.4 所示。

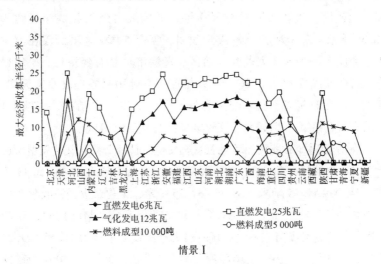

情景 Ⅰ

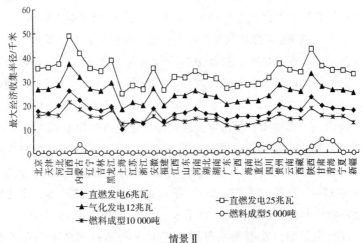

情景 Ⅱ

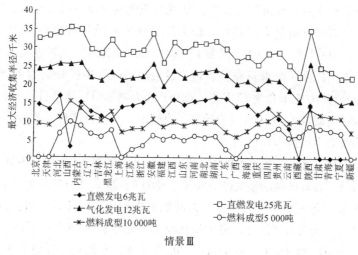

情景Ⅲ

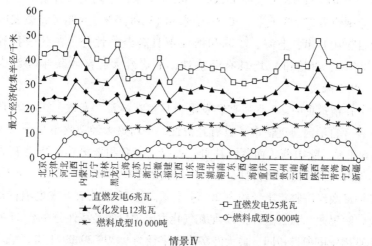

情景Ⅳ

图7.4　年投资回报率为0时不同秸秆能源化项目的最大经济收集半径

7.2.1.2　年投资回报率为5%时生态最小保留量

在四种情景中，项目周期内纤维素乙醇项目的总成本仍大于总收益，故纤维素乙醇项目在各省（自治区、直辖市）均不具有经济性，最大经济收集半径仍为0。

在情景Ⅰ中，仅25兆瓦直燃发电项目、12兆瓦气化发电项目和年产1万吨燃料成型项目在部分省（自治区、直辖市）具有经济性，而6兆瓦直燃发电项目和年产5 000吨燃料项目在各省（自治区、直辖市）均不具有经济性。其中，25 兆瓦直燃发电项目仅在湖南、广东、广西和海南具有经济性，最大经济收集半径分别约为 5.99 千米、17.88 千米、15.04 千米和 13.76 千米；12 兆瓦气化发电项目仅在广东、广西、海南具有经济性，最大经济收集半径分别为 12.64 千米、10.10 千米和 8.17 千米。而年产 1 万吨燃料成型项目在河北、山西、内蒙古等 17 个省（自治区、直辖市）具有经济性，平均最大经济收集半径约为 6.01 千米。

在情景 II 中，年产 5 000 吨燃料成型项目在全国范围内仍不具有经济性，在各区域的最大经济收集半径为 0。25 兆瓦直燃发电项目、12 兆瓦气化发电项目和年产 1 万吨燃料成型项目在各省（自治区、直辖市）均具有经济性，最大经济收集半径分别为 15.96~41.87 千米、10.01~31.58 千米和 11.66~20.45 千米，平均最大经济收集半径分别约为 27.98 千米、20.89 千米和 13.98 千米。6 兆瓦直燃发电项目除在天津、上海、江苏和浙江不具有经济性外，在其余各省（自治区、直辖市）均具有经济性，平均最大经济收集半径约为 12.29 千米。

在情景 III 中，6 兆瓦直燃发电项目仅在浙江、安徽、江西等 10 个省（自治区、直辖市）具有经济性，平均最大经济收集半径约为 8.6 千米。除山西、西藏、甘肃、青海、宁夏和新疆外，25 兆瓦直燃发电项目均具有经济性，最大经济收集半径为 12.65~27.21 千米，平均最大经济收集半径约为 20.54 千米。与 25 兆瓦直燃发电项目相比，除黑龙江和云南外，12 兆瓦气化发电项目的经济性分布与 25 兆瓦直燃发电项目相同，最大经济收集半径为 9.29~20.09 千米，平均最大经济收集半径约为 16.29 千米。对于燃料成型项目，年产 5 000 吨项目主要在河北、山西、内蒙古等 17 个省（自治区、直辖市）具有经济性，平均最大经济收集半径约为 4.88 千米；而年产 1 万吨项目除天津外，在其余省（自治区、直辖市）均具有经济性，各省（自治区、直辖市）最大经济收集半径为 2.64~13.57 千米，平均最大经济收集半径约为 8.23 千米。

在情景 IV 中，除年产 5 000 吨燃料成型项目外，其余秸秆能源化项目在各省（自治区、直辖市）均具有经济性。其中，6 兆瓦直燃发电项目、25 兆瓦直燃发电项目、12 兆瓦气化发电项目和年产 1 万吨燃料成型项目在各省（自治区、直辖市）的最大经济收集半径分别为 14.06~27.21 千米、28.38~50.46 千米、21.56~38.69 千米和 11.39~20.1 千米，平均最大经济收集半径分别约为 18.68 千米、35.01 千米、26.82 千米和 13.73 千米。年产 5 000 吨燃料成型项目的经济性区域分布以及最大经济收集半径与情景Ⅲ相同。则在不同技术水平和政策激励强度下，不同秸秆能源化项目在不同区域的最大经济收集半径具体如图 7.5 所示。

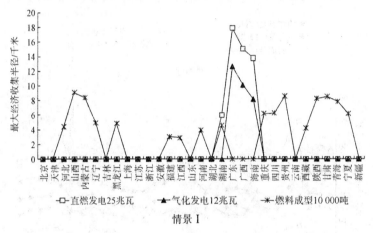

情景 I

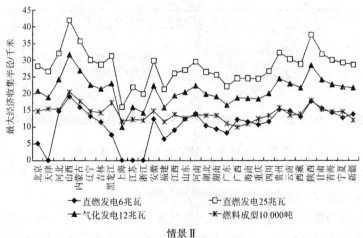

情景 II

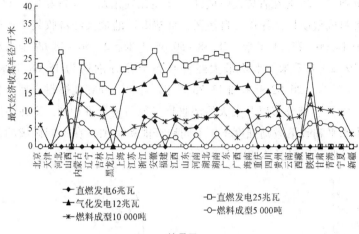

情景Ⅲ

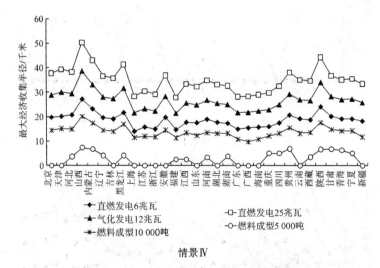

情景Ⅳ

图 7.5　年投资回报率为 5% 时不同秸秆能源化项目的最大经济收集半径

7.2.1.3　年投资回报率为 10% 时生态最小保留量

在年投资回报率为 10% 时,纤维素乙醇项目在四种情景下仍不具有经济性,因此最大经济收集半径仍为 0。

在情景Ⅰ中,仅年产 1 万吨燃料成型项目在重庆、贵州、甘肃、青海具有经济性,最大经济收集半径分别约为 1.6 千米、5.53 千米、5.94 千米、4.91 千米,其余项目均不具有经济性。

在情景Ⅱ中，年产 1 万吨燃料成型项目在所有省（自治区、直辖市）均具有经济性，发电类项目在部分区域具有经济性。其中，年产 1 万吨燃料成型项目的最大经济收集半径为 9.35~19.52 千米，平均最大经济收集半径约为 13.28 千米。6 兆瓦直燃发电项目仅在广西具有经济性，最大经济收集半径为 3.59 千米。除天津、上海、江苏和浙江外，25 兆瓦直燃发电项目在其余地区均具有经济性，平均最大经济收集半径约为 19.41 千米。12 兆瓦气化发电项目的平均最大经济收集半径约为 14.87 千米。此外，年产 5 000 吨燃料成型项目仍不具经济性，其在各省（自治区、直辖市）的最大经济收集半径均为 0。

在情景Ⅲ中，6 兆瓦直燃发电项目仅在广东省具有经济性，最大经济收集半径约为 2.82 千米；25 兆瓦直燃发电项目仅在浙江、安徽、江西等 10 个省（自治区、直辖市）具有经济性，平均最大经济收集半径约为 13.28 千米，而 12 兆瓦气化发电项目仅在浙江、湖北、湖南等 6 个省（自治区、直辖市）具有经济性，平均最大经济收集半径约为 10.63 千米。年产 5 000 吨燃料成型的项目仅在重庆、贵州、甘肃、青海具有经济性，最大经济收集半径分别为 1.73 千米、4.5 千米、4.79 千米和 4 千米；对于年产 1 万吨燃料成型项目，除北京、天津、上海、江苏等 9 个省（自治区、直辖市）外，在其余省份均具有经济性，最大经济收集半径为 4.37~11.17 千米，平均最大经济收集半径约为 7.4 千米。

在情景Ⅳ中，发电类项目和年产 1 万吨燃料成型项目在各省（自治区、直辖市）均具有经济性，6 兆瓦直燃发电项目、25 兆瓦直燃发电项目、12 兆瓦气化发电项目和年产 1 万吨燃料成型项目最大经济收集半径分别为 2.89~21.01 千米、22.49~43.65 千米、16.87~33.42 千米和 10.62~19.15 千米，平均最大经济收集半径分别约为 13.64 千米、29.96 千米、22.88 千米和 12.99 千米。而年产 5 000 吨燃料成型项目的经济性区域分布和最大经济收集半径与情景Ⅲ相同。不同秸秆能源化项目在不同区域的最大经济收集半径具体如图 7.6 所示。

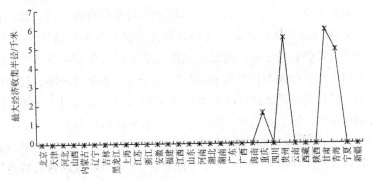

情景Ⅰ

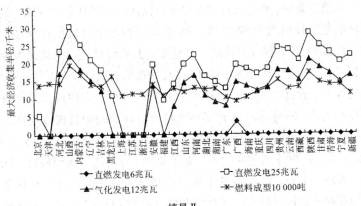

情景Ⅱ

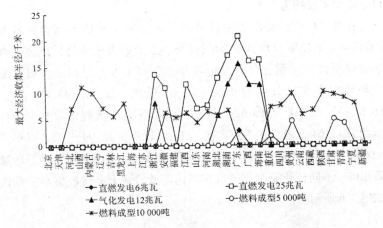

情景Ⅲ

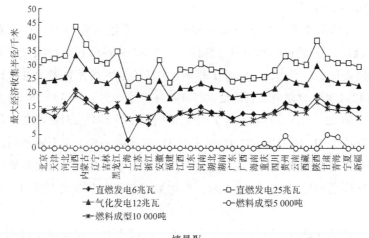

情景Ⅳ

图 7.6　年投资回报率为 10% 时不同秸秆能源化项目的最大经济收集半径

7.2.2　中土壤生态最小保留量

7.2.2.1　年投资回报率为 0 时生态最小保留量

与低土壤生态最小保留量情景相同，在不同政策激励强度和技术进步情景下，纤维素乙醇项目在各省（自治区、直辖市）均不具有经济性，因此其最大经济收集半径均为 0。

在情景Ⅰ中，6 兆瓦直燃发电项目仅在江西、湖南、广东、广西和海南具有经济性，其最大经济收集半径分别约为 6.68 千米、10.27 千米、14.1 千米、11.07 千米和 11.32 千米，而 25 兆瓦直燃发电项目在北京、河北、内蒙古等 23 个省（自治区、直辖市）均具有经济性，各省（自治区、直辖市）最大经济收集半径为 13.85～32.55 千米，平均最大经济收集半径约为 23.73 千米。12 兆瓦气化发电项目仅在河北、内蒙古、辽宁等 19 个省（自治区、直辖市）具有经济性，最大经济收集半径为 7.49～23.46 千米，平均最大经济收集半径约为 16.7 千米。对于燃料成型项目，年产 5 000 吨项目仅在山西、内蒙古、重庆、四川等 8 个省（自治区、直辖市）具有经济性，平均最大经济收集半径约为 6.08 千米；而年产 1 万吨项目仅在天津、上海、广西、新疆不具有经济性，其余地区最大经济收集半径为

1.86~18.61 千米。

在情景Ⅱ中，发电类项目和年产 1 万吨燃料成型项目在各省（自治区、直辖市）均具有经济性，年产 5 000 吨燃料成型项目最大经济收集半径不变，与情景Ⅰ相同。6 兆瓦、25 兆瓦直燃发电项目和 12 兆瓦气化发电项目的最大经济收集半径分别为 12.14~36.29 千米、30.02~67.92 千米、22.13~51.66 千米，平均最大经济收集半径分别约为 21.39 千米、41.07 千米和 31.13 千米。年产 1 万吨燃料乙醇项目在山西省经济收集半径最大，为 29.79 千米，在广西壮族自治区取最小值，为 11.36 千米，平均最大经济收集半径约为 17.85 千米。

在情景Ⅲ中，25 兆瓦直燃发电项目、12 兆瓦气化发电项目和年产 1 万吨燃料成型项目在各省（自治区、直辖市）均具有经济性，其最大经济收集半径分别为 25.71~49.37 千米、17.83~35.63 千米和 5.34~22.19 千米，平均最大经济收集半径分别约为 35.46 千米、26.28 千米和 12.24 千米。除西藏、甘肃、青海、宁夏和新疆外，6 兆瓦直燃发电项目在其他区域均具有经济性，平均最大经济收集半径约为 16.9 千米。年产 5 000 吨燃料成型项目除在天津、上海、广西、新疆不具经济性外，平均最大经济收集半径约为 7.65 千米。

在情景Ⅳ中，年产 5 000 吨燃料乙醇项目的经济性区域分布和最大经济收集半径与情景Ⅲ相同，发电类项目和年产 1 万吨燃料成型项目在所有区域内均具有经济性，6 兆瓦、25 兆瓦直燃发电项目、12 兆瓦气化发电项目和年产 1 万吨燃料成型项目的平均最大经济收集半径分别约为 26.53 千米、47.29 千米、36.27 千米和 17.57 千米，最大经济收集半径取值范围分别为 19.57~43.27 千米、34.45~76.73 千米、26.47~58.9 千米和 11.11~29.38 千米。在不同技术水平和政策激励下，不同秸秆能源化项目的最大经济收集半径具体如图 7.7 所示。

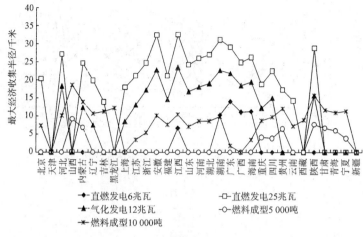

情景 I

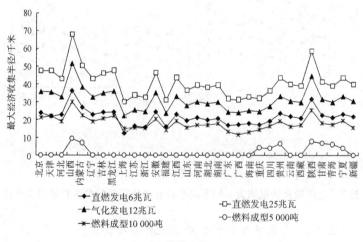

情景 II

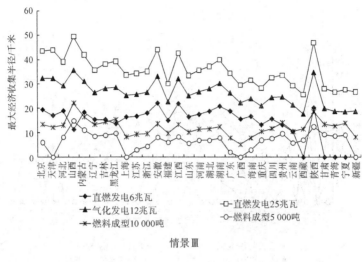

情景Ⅲ

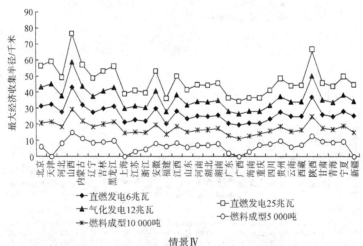

情景Ⅳ

图 7.7　年投资回报率为 0 时不同秸秆能源化项目的最大经济收集半径

7.2.2.2　年投资回报率为 5% 时生态最小保留量

随着年投资回报率的提高，项目周期内纤维素乙醇项目的总成本仍然要高于总收益，因此在 4 种情景中，纤维素乙醇项目的最大经济收集半径均为 0。在情景Ⅰ中，6 兆瓦直燃发电项目在各省（自治区、直辖市）均不具有经济性，故其最大经济收集半径为 0；而25 兆瓦直燃发电项目仅在江西、湖南、广东、广西和海南具有经济性，最大经济收集半径分别为 8.64 千米、15.95 千米、22.54 千米、17.64 千米和 17.99 千米。同时，12 兆瓦气化发电项目仅在广东、广西、重庆具有经济性，最大经济收集半径分别为 16.41 千米、12.21 千米和 12.14 千米。对于燃料成型项目，年产 5 000 吨项目仅在甘肃具有经济性，最大经济收集半径为 2.23 千米，而年产 1 万吨燃料成型项目的平均最大经济收集半径约为 7.94 千米。

在情景 II 中，年产 5 000 吨燃料成型项目仅在甘肃具有经济性，最大经济收集半径仍为 2.23 千米。与情景 I 相比，25 兆瓦直燃发电项目、12 兆瓦气化发电项目和年产 1 万吨燃料成型项目在各省（自治区、直辖市）均具有经济性，平均最大经济收集半径分别约为 34.27 千米、25.62 千米、17.09 千米。6 兆瓦直燃发电项目仅在天津、上海、江苏和浙江不具有经济性，其余省（自治区、直辖市）的最大经济收集半径为 9.16~27.09 千米，平均最大经济收集半径约为 15.55 千米。

在情景 III 中，除西藏、甘肃、青海、宁夏、新疆外，25 兆瓦直燃发电项目在其他地区均具有经济性，平均最大经济收集半径为 26.88 千米。与 25 兆瓦直燃发电项目的经济性区域相比较，12 兆瓦气化发电项目除在山西省不经济外，其余区域的经济性分布与 25 兆瓦直燃发电项目相一致，各区域最大经济收集半径为 7.76~26.3 千米，平均最大经济收集半径约为 19.09 千米。此外，6 兆瓦直燃发电项目仅在浙江、安徽、福建等 9 个省（自治区、直辖市）具有经济性，平均最大经济收集半径约为 11.6 千米。与此同时，除广西外，年产 1 万吨燃料成型项目在其余省（自治区、直辖市）均具有经济性，各区域的最大经济收集半径为 3.66~20.07 千米，平均最大经济收集半径约为 10.42 千米。相比于年产 1 万吨燃料成型项目，年产 5 000 吨项目的经济适宜区域相对较小，主要分布在河北、山西、内蒙古等 20 个省（自治区、直辖市），平均最大经济收集半径约为 6.42 千米。

在情景 IV 中，年产 5 000 吨燃料成型项目的经济性区域以及在各区域的最大经济收集半径与情景 III 均相同。此外，6 兆瓦、25 兆瓦直燃发电项目、12 兆瓦气化发电项目和年产 1 万吨燃料成型项目在各省（自治区、直辖市）均存在经济性，在不同区域的最大经济收集半径分别为 16.91~37.58 千米、31.43~69.48 千米、24.15~53.3 千米和 10.42~28.24 千米，平均最大经济收集半径分别约为 22.78 千米、42.6 千米、32.63 千米和 16.78 千米。在不同技术水平和政策激励强度下，不同秸秆能源化项目的经济性区域分布以及在各经济区域的最大经济收集半径具体如图 7.8 所示。

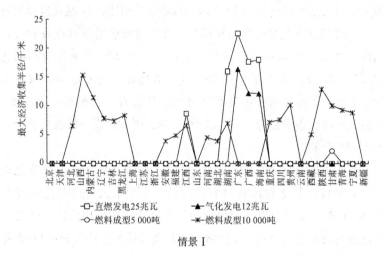

情景 I

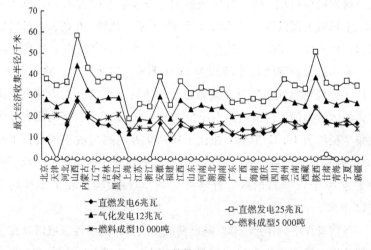

情景 II

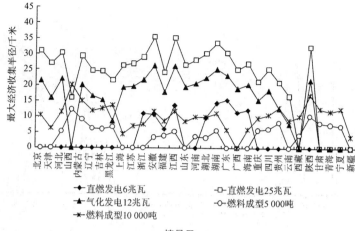

情景Ⅲ

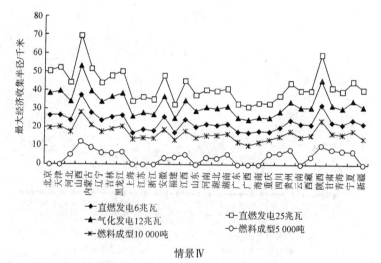

情景Ⅳ

图 7.8　年投资回报率为 5% 时不同秸秆能源化项目的最大经济收集半径

7.2.2.3　年投资回报率为 10% 时生态最小保留量

图 7.9 为年投资回报率为 10% 时，在不同技术水平和不同政策激励强度下，不同秸秆能源化项目的经济性区域及在各经济性区域的最大经济收集半径。纤维素乙醇项目的经济性，在所有省（自治区、直辖市）均不具有经济性，故纤维素乙醇项目的最大经济收集半径均为 0。

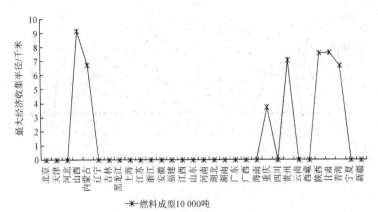

情景 I

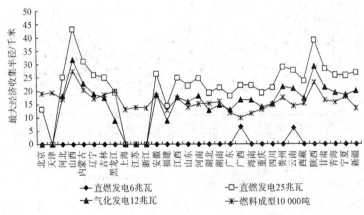

情景 II

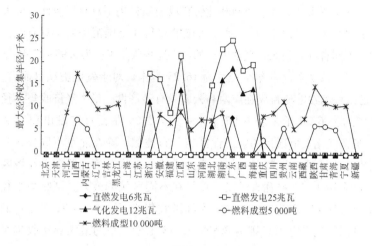

情景Ⅲ

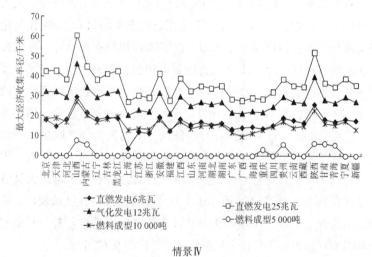

情景Ⅳ

图7.9 年投资回报率为10%时不同秸秆能源化项目的最大经济收集半径

在情景Ⅰ中，仅有年产1万吨燃料成型项目在山西、内蒙古、重庆、贵州、陕西、甘肃、青海具有经济性，最大经济收集半径分别约为9.15千米、6.72千米、3.71千米、7.06千米、7.56千米、7.61千米、6.68千米，其余秸秆能源化项目均不具有经济性，最大经济收集半径均为0。

在情景Ⅱ中，年产5 000吨燃料成型项目仍不具有经济性，最大经济收集半径仍为0，而年产1万吨的项目在全国范围内均具有经济性，不同省（自治区、直辖市）的最大经济收集半径为9.95~27.48千米，平均最大经济收集半径约为16.25千米。对于发电类项目而言，6兆瓦直燃发电项目仅在广西和云南具有经济性，最大经济收集半径分别约为6.56千米和6.05千米。另外，25兆瓦直燃发电项目和12兆瓦气化发电项目的经济性区域分布类似，除在北京不同外，其余省（自治区、直辖市）的经济性区域分布均一致，但最大经济收集半径不同。25兆瓦直燃发电项目在不同区域的最大经济收集半径为13.17~43.23千米，平均最大经济收集半径约为24.71千米；而12兆瓦气化发电项目则为8.87~31.78千米，平均最大经济收集半径约为18.01千米。

在情景Ⅲ中，6兆瓦直燃发电项目仅在广东省具有经济性，最大经济收集半径约为7.93千米；25兆瓦直燃发电项目和12兆瓦气化发电项目的经济性区域分布相似，仅安徽和福建存在差异，在其余区域的经济性均一致。25兆瓦直燃发电项目主要在浙江、安徽、福建等9个省（自治区、直辖市）存在经济性，平均经济收集半径约为18.23千米；而12兆瓦气化发电项目主要在浙江、江西、湖北等7个省（自治区、直辖市）具有经济性，平均最大经济收集半径约为13.36千米。年产5 000吨燃料成型项目仅在山西、内蒙古、重庆、贵州等7个省（自治区、直辖市）具有经济性，平均最大经济收集半径约为5.64千米，而年产1万吨项目的经济性区域较广，除北京、天津、上海、江苏等9个省（自治区、直辖市）外，其余省份均具有经济性，平均最大经济收集半径约为9.62千米。

在情景Ⅳ中，年产5 000吨燃料成型项目的经济性区域以及在经济性区域的最大经济收集半径均与情景Ⅲ相同。与此同时，发电类项目和年产1万吨燃料成型项目在全国范围内均具有经济性，6兆瓦直燃发电项目、25兆瓦直燃发电项目、12兆瓦气化发电项目和年产1万吨燃料成型项目在不同区域的最大经济收集半径分别为3.60~29.31千米、27.06~60.29千米、20.30~46.19千米、9.63~27千米，平均最大经济收集半径分别为16.76千米、36.53千米、27.91

千米和 15.91 千米。

7.2.3　高土壤生态最小保留量

7.2.3.1　年投资回报率为 0 时生态最小保留量

在四种情景中，纤维素乙醇项目的最大经济收集半径仍为 0。

在情景 I 中，除北京、天津、山西、西藏、甘肃、青海和宁夏的最大经济收集半径为 0 外，其余地区 25 兆瓦直燃发电项目的最大经济收集半径为 19.08～62.86 千米，而 6 兆瓦直燃发电项目仅在浙江、安徽、江西、湖南、广东、广西和海南具有经济性，平均最大经济收集半径约为 17.69 千米；与 25 兆瓦直燃发电项目相比，除吉林和黑龙江外，12 兆瓦气化发电项目的经济性区域分布与 25 兆瓦直燃发电项目相同，其最大经济收集半径为 5.48～45.95 千米；年产 5 000 吨和 1 万吨燃料成型项目的平均最大经济收集半径分别约为 7.35 千米和 13.23 千米。

在情景 II 中，年产 5 000 吨秸秆燃料成型项目的经济性区域和最大经济收集半径与情景 I 相同，而发电类项目和年产 1 万吨燃料成型项目在全国范围内均具有经济性。其中，6 兆瓦和 25 兆瓦秸秆直燃发电项目的最大经济收集半径分别为 18.15～46.22 千米和 33.11～86.63 千米，平均最大经济收集半径分别约为 27.76 千米和 52.87 千米；12 兆瓦气化发电项目和年产 1 万吨燃料成型项目的最大经济收集半径分别为 25.29～65.87 千米和 11.85～38.48 千米，平均最大经济收集半径约为 40.12 千米和 22.91 千米。

在情景 III 和情景 IV 中，除天津、上海、广东、广西和新疆外，年产 5 000 吨燃料成型项目的经济性区域分布和最大经济收集半径均相同，平均最大经济收集半径约为 10.57 千米。同时，25 兆瓦直燃发电项目、12 兆瓦气化发电项目和年产 1 万吨燃料成型项目在全国范围内均具有经济性，在情景 III 中平均最大经济收集半径分别约为 45.79 千米、34.02 千米和 15.99 千米，在情景 IV 中平均最大经济收集半径分别约为 60.47 千米、46.38 千米和 22.56 千米。而 6 兆瓦直燃发电项目在情景 IV 中在各区域均具有经济性，平均最大经济收集半径约为 33.98 千米；在情景 III 中，除西藏、甘肃、青海、宁夏、新疆外，在其余省（自治区、直辖市）均具有经济性，平均最大经济收集半径约为 22.39 千米。除纤维素乙醇项目外，其余项目在不同地区不同情景下的最大经济收集半径分别如图 7.10 所示。

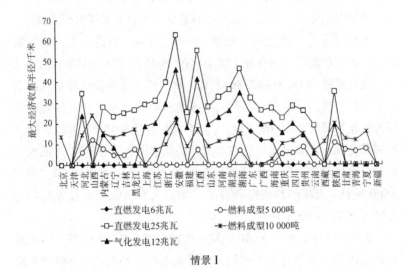

情景 I

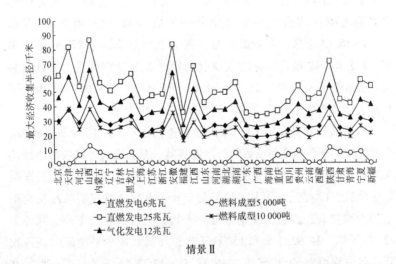

情景 II

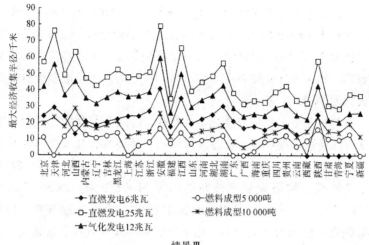

情景Ⅲ

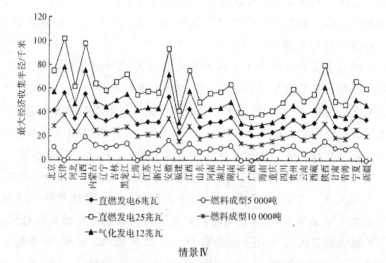

情景Ⅳ

图7.10　年投资回报率为0时不同秸秆能源化项目的最大经济收集半径

7.2.3.2　年投资回报率为5%时生态最小保留量

在四种情景中，纤维素乙醇项目的最大经济收集半径仍为0。

在情景Ⅰ中，6兆瓦直燃发电项目仅在广东具有4.79千米的最大经济收集半径，其余省（自治区、直辖市）的最大经济收集半径均为0；25兆瓦直燃发电项目和12兆瓦气化发电项目的经济适宜区域分布相同，仅在浙江、安徽、江西、湖南、广东、广西和海南具有经济性，平均最大经济收集半径分别约为 28.07 千米和 17.92 千米；年产 5 000 吨燃料成型项目仅在甘肃具有经济性，最大经济收集半径约为 3.42 千米；而年产 1 万吨燃料成型项目的经济适宜区域分布较广，最大经济收集半径为 6.5 ~ 20.05 千米，平均最大经济收集半径约为 11.68 千米。

在情景Ⅱ中，25 兆瓦直燃发电项目、12 兆瓦气化发电项目和年产 1 万吨燃料成型项目，在各区域均具有经济性，最大经济收集半径分别为 29.13 ~ 74.11 千米，22.17 ~ 55.96 千米和 11.14 ~ 36.81 千米，平均最大经济收集半径分别约为 44.49 千米、33.38 千米和 21.96 千米。年产 5 000 吨燃料成型项目仅在甘肃具有经济性，最大经济收集半径仍为 3.42 千米。而 6 兆瓦直燃发电项目除在北京、天津、上海、江苏不具有经济性外，在其余省（自治区、直辖市）均具有经济性，最大经济收集半径为 12.41 ~ 34.68 千米，平均最大经济收集半径约为 20.71 千米。

在情景Ⅲ中，年产 1 万吨燃料成型项目的经济适宜区域最广，除广西外，在其余省（自治区、直辖市）均具有经济性，最大经济收集半径为 5.87 ~ 25.93 千米，平均最大经济收集半径约为 13.96 千米；相比于年产 1 万吨燃料成型项目，年产 5 000 吨燃料成型项目的经济适宜区域较小，主要经济适宜区域为河北、山西、内蒙古等 20 个省（自治区、直辖市），最大经济收集半径为 5.24 ~ 16.02 千米，平均最大经济收集半径约为 9.35 千米。与此同时，除山西外，25 兆瓦直燃发电项目和 12 兆瓦气化发电项目的经济适宜区域分布相同，平均最大经济收集半径分别约为 35.6 千米和 25.93 千米。6 兆瓦直燃发电项目仅在上海、江苏、浙江等 11 个省（自治区、直辖市）具有经济性，平均最大经济收集半径约为 15.71 千米。

在情景Ⅳ中，年产 5 000 吨燃料成型项目的经济适宜区域和最大经济收集半径与情景Ⅲ相同。与此同时，发电类项目和年产 1 万吨燃料成型项目在全国范围内均具有经济性，6 兆瓦直燃发电项目、25 兆瓦直燃发电项目、12 兆瓦气化发电项目和年产 1 万吨燃料成型项目的最大经济收集半径分别为 18.27 ~ 47.94 千米、33.26 ~ 88.71 千米、25.56 ~ 68.04 千米和 10.84 ~ 36.24 千米，平均最大经济收集半径分别为 29.3 千米、54.57 千米、41.82 千米和 21.58 千米。

在四种情景中，由于纤维素乙醇项目的最大经济收集半径均为 0，因此未在图 6.11 中标明。其他秸秆能源化项目在不同技术水平和政策激励强度下，其在不同区域的最大经济收集半径具体如图 7.11 所示。

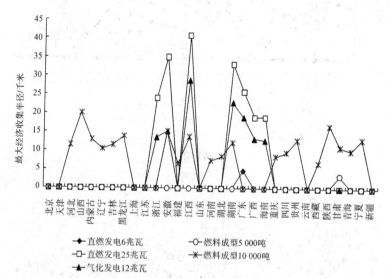

情景 I

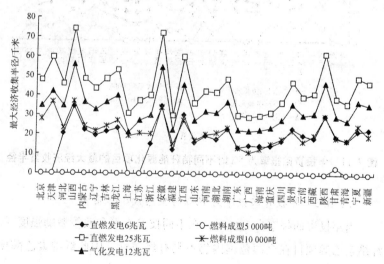

情景 II

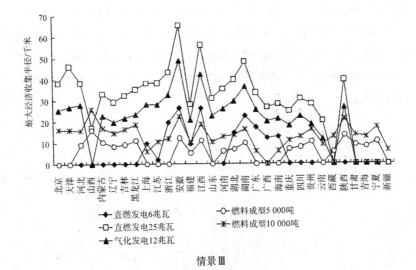

情景Ⅲ

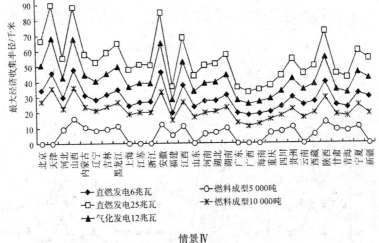

情景Ⅳ

图7.11　年投资回报率为5%时不同秸秆能源化项目的最大经济收集半径

7.2.3.3　年投资回报率为10%时生态最小保留量

当年投资回报率为10%时，在不同技术水平和政策激励强度下，纤维素乙醇项目在全国范围内仍不具有经济性，因此纤维素乙醇项目的最大经济收集半径仍为0。

在情景Ⅰ中，仅25兆瓦直燃发电项目和年产1万吨燃料成型项目在部分区域具有经济性，而6兆瓦直燃发电项目、12兆瓦气化发电项目和年产5 000吨燃料成型项目在全国范围内均不具有经济性，最大经济收集半径均为0。与此同时，25兆瓦直燃发电项目仅在广东具有经济性，最大经济收集半径为5.43千米，年产1万吨燃料成型项目仅在河北、山西、内蒙古、黑龙江等13个省（自治区、直辖市）具有经济性，最大经济收集半径为3.01~12.86千米，平均最大经济收集半径约为7.49千米。

在情景Ⅱ中，25兆瓦直燃发电项目和12兆瓦气化发电项目均在除北京、天津、上海、江苏以外的地区具有经济性，平均最大经济收集半径分别约为33.04千米和24.22千米；6兆瓦直燃发电项目仅在江西、广西、贵州和云南具有经济性，最大经济收集半径分别约为14.25千米、7.5千米、6.5千米和9.99千米。对于秸秆燃料成型项目，年产5 000吨项目在全国范围内仍不具有经济性，最大经济收集半径仍为0，而年产1万吨燃料成型项目在所有省（自治区、直辖市）均具有经济性，最大经济收集半径为10.32~35.29千米，平均最大经济收集半径约为20.92千米。

在情景Ⅲ中，6兆瓦直燃发电项目仅在广东具有经济性，最大经济收集半径为10.03千米。同时，除上海外，25兆瓦直燃发电项目和12兆瓦气化发电项目的经济适宜区域相同，其中25兆瓦直燃发电项目的平均最大经济收集半径约为27.03千米，而12兆瓦气化发电项目平均最大经济收集半径约为20.05千米。而秸秆燃料成型项目，年产5 000吨项目仅在河北、山西、内蒙古等13个省（自治区、直辖市）具有经济性，平均最大经济收集半径约为6.21千米；年产1万吨项目除在天津、上海、江苏、广东、广西、海南和新疆不具有经济性外，在其余省（自治区、直辖市）均具有经济性，平均最大经济收集半径约为12.55千米。

在情景Ⅳ中，6兆瓦、25兆瓦直燃发电项目、12兆瓦气化发电项目和年产1万吨燃料成型项目在全国范围内均具有经济性，最大经济收集半径分别为 12.10～37.29 千米、29.32～76.91 千米、22.53～58.91 千米和 9.97～34.65 千米，平均最大经济收集半径分别约为 22.02 千米、46.99 千米、35.94 千米和 20.50 千米。而年产 5 000 吨燃料成型项目的经济适宜区域和最大经济收集半径与情景Ⅲ相同。则在不同技术水平和政策激励强度下，不同秸秆能源化项目在各区域的最大经济收集半径具体如图 7.12 所示。

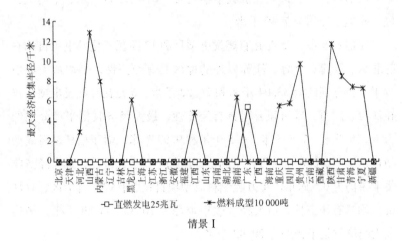

情景 I

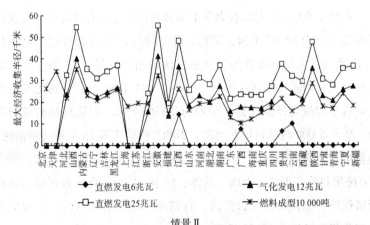

情景 Ⅱ

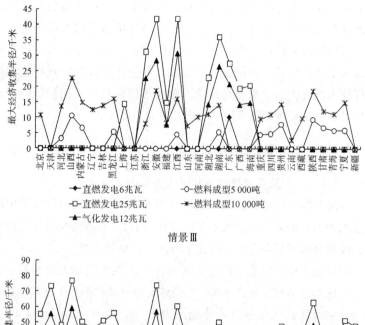

图 7.12　年投资回报率为 10% 时不同秸秆能源化项目的最大经济收集半径

7.3　可能源化秸秆技术经济生态总量

本书 7.1 和 7.2 分析了不同秸秆能源化项目的经济适宜分布区域以及其在经济适宜区域的最大经济收集半径。区域可能源化秸秆技术经济生态总量，不仅与秸秆能源化项目在不同区域的最大经济收集半径相关，还与秸秆能源化项目在经济适宜区域所需的秸秆理论需求量密切相关。通过计算不同秸秆能源化项目在最大经济收集半径中的秸秆最大经济收集量，并与秸秆能源化项目在该地区秸秆理论需求量进行比较，根据公式（3.22）和公式（3.23）对可能源化秸秆技术经济生态总量进行计算，则在不同情景下不同秸秆能源化项目可利用秸秆资源技术经济生态总量如下所示。

7.3.1 低土壤生态最小保留量

7.3.1.1 年投资回报率为0时生态最小保留量

由前面的分析可知，当年投资回报率为0时，在四种情景中纤维素乙醇项目的最大经济收集半径为0，因此，在四种情景中，纤维素乙醇项目的可能源化秸秆的技术经济生态总量为0。

在情景Ⅰ中，6兆瓦直燃发电项目、25兆瓦直燃发电项目、12兆瓦气化发电项目、年产5 000吨燃料成型项目和年产1万吨燃料成型项目的可能源化秸秆总量分别约为2 116.69万吨、13 384.19万吨、11 816.81万吨、1 762.62万吨和18 392.14万吨。其中，6兆瓦直燃发电项目可能源化秸秆资源来自广东、广西和海南三省（区）；25兆瓦直燃发电项目的可利用秸秆资源主要分布在河南、山东、四川、广西和湖南；分别约占18.11%、13.11%、11.71%、9.63%和9.49%；12兆瓦气化发电项目的可利用秸秆资源主要分布在河南、山东、广西、湖南、湖北和安徽，上述区域12兆瓦气化发电项目的可能源化秸秆分别占总量的20.52%、14.85%、10.91%、10.75%、9.96%和9.19%；年产5 000吨燃料成型项目的可能源化秸秆资源则仅分布在重庆、贵州、甘肃和青海，而年产1万吨燃料成型项目的可能源化秸秆资源主要分布在河南、山东、四川、黑龙江等地。

在情景Ⅱ中，由于发电类项目和年产1万吨燃料成型项目在全国范围内均经济可行，且经济收集量大于项目秸秆理论需求量。因此，6兆瓦直燃发电项目、25兆瓦直燃发电项目、12兆瓦气化发电项目和年产1万吨燃料成型项目的最终可能源化秸秆资源总量和区域分布均相同。最终可能源化秸秆资源的技术经济生态总量为22 795.79万吨，秸秆资源均主要分布在河南、山东、四川、黑龙江、广西、湖南等地。而年产 5 000 吨燃料成型项目仍仅在重庆、贵州、甘肃和青海具有技术经济可行性，可能源化秸秆资源总量仍为 1 762. 62 万吨。

在情景Ⅲ中，25 兆瓦直燃发电项目、12 兆瓦气化发电项目和年产 1 万吨燃料成型项目的可能源化秸秆资源技术经济生态总量和可利用秸秆资源的空间分布均与情景Ⅱ相同。6 兆瓦直燃发电项目和年产 5 000 吨燃料成型项目的可能源化秸秆资源总量分别约为 19 155. 93 万吨和 19 026. 74 万吨，分别主要分布于河南、山东、四川、广西、湖南、江苏、湖北和河南、山东、四川、湖南、湖北，占各自可能源化秸秆资源的比重为 12. 66%、9. 16%、8. 18%、6. 73%、6. 63%、6. 16%、6. 14%和 12. 74%、9. 22%、8. 24%、6. 67%、6. 19%。

在情景Ⅳ中，发电类项目和年产 1 万吨燃料成型项目的可能源化秸秆资源的技术经济生态总量均为 22 795. 79 万吨，均主要分布在河南、山东、四川、黑龙江、广西、湖南等地。而年产 5 000 吨燃料成型项目的可能源化秸秆总量及空间分布与情景Ⅲ相同。则在不同情景下，不同秸秆能源化项目的可能源化秸秆资源总量具体如图 7. 13 所示。

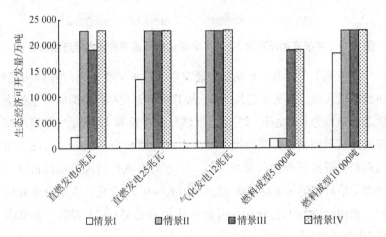

图 7. 13　年投资回报率为 0 时可能源化秸秆资源技术经济生态总量

7.3.1.2 年投资回报率为5%时生态最小保留量

当年投资回报率为5%时，由于四种情景下纤维素乙醇项目的最大经济收集半径为0，因此纤维素乙醇项目的最终可能源化秸秆技术经济生态总量为0。在不同情景下，不同秸秆能源化项目的最终可利用秸秆资源的技术经济生态总量具体如图7.14所示。

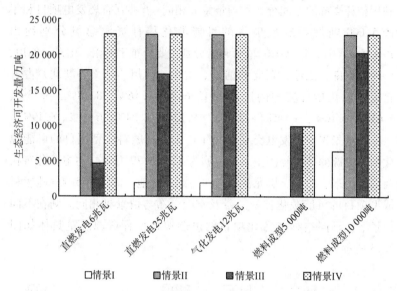

图 7.14　年投资回报率为5%时可能源化秸秆资源的技术经济生态总量

在情景Ⅰ中，由于6兆瓦直燃发电项目和年产5000吨燃料成型项目的最大经济收集半径均为0，故其可能源化秸秆资源的技术经济生态总量均为0。此外，25兆瓦直燃发电项目和12兆瓦气化发电项目最终可利用秸秆资源的技术经济生态总量均为1923.64万吨，可利用秸秆资源分布在广东和广西。年产1万吨燃料成型项目最终可能源化秸秆资源技术经济生态总量为6340.77万吨，主要分布在四川、湖南、内蒙古，分别占可能源化秸秆总量的24.72%、20.03%和10.27%。

在情景Ⅱ中，6兆瓦直燃发电项目、25兆瓦直燃发电项目和12兆瓦气化发电项目的最终可能源化秸秆资源的技术经济生态总量分别为17728.27万吨、22755.4万吨和22775.86万吨，可利用秸秆资源均主要分布在河南、山东、四川等地。同时，年产5 000吨燃料成型项目的最终可能源化秸秆资源总量及资源主要分布地区均与情景Ⅰ相同；而年产1万吨燃料成型项目在各区域均具有经济性，可能源化秸秆资源总量为22 795.79万吨。

在情景Ⅲ中，6兆瓦直燃发电项目、25兆瓦直燃发电项目和12兆瓦气化发电项目的可能源化秸秆资源的技术经济生态总量分别为4 635.75万吨、17 195.07万吨和15 713.28万吨。其中，6兆瓦直燃发电项目可利用秸秆资源主要分布在湖北、湖南、广西、广东；25兆瓦直燃发电项目和12兆瓦气化发电项目可利用秸秆资源均主要分布在河南、山东、四川、湖南、湖北。年产5 000吨燃料成型项目最终可利用秸秆资源总量为9 870.86万吨，主要分布在河南、湖南和四川，分别约占总量的24.56%、15.88%和12.87%。

在情景Ⅳ中，发电类项目和年产1万吨燃料成型项目的最终可能源化秸秆资源均为22 795.79万吨，其区域分布与可利用秸秆生态总量的区域分布相同，而年产5 000吨燃料成型项目的可能源化秸秆总量和区域分布与情景Ⅲ相同。

7.3.1.3　年投资回报率为10%时生态最小保留量

在所有情景中，纤维素乙醇项目的最终可利用秸秆总量仍为0。与此同时，在情景Ⅰ中，发电类项目和年产5 000吨燃料成型项目可利用秸秆资源的技术经济生态总量也为0，而年产1万吨燃料成型项目的最终可利用秸秆总量为1 141.15万吨，分布在贵州、甘肃、青海三地。在情景Ⅱ中，6兆瓦直燃发电项目和年产5 000吨燃料成型项目的最终可能源化秸秆资源总量也为0，而25兆瓦直燃发电项目和12兆瓦气化发电项目可利用秸秆资源总量分别为9 823.76万吨和11 460.27万吨，可利用秸秆资源均主要分布在河南、山东、广西、云南、新疆等地。而年产1万吨燃料成型项目的最终可利用秸秆资源总量为22 795.79万吨，可利用秸秆资源的分布与秸秆生态资源的分布一致。在情景Ⅲ中，6兆瓦直燃发电项目可利用秸秆资源总量为0，25兆瓦直燃发电项目和12兆瓦气化发电项目可利用秸秆资源总量均为3 386.62万吨，可能源化秸秆资源均分布在湖南、广东、广西和海南。对于秸秆燃料成型项目,年产 5 000 吨和年产 1 万吨项目的最终可利用秸秆资源总量分别为 1 141.15 万吨和 18 127.07 万吨。其中,年产 5 000 吨燃料成型项目的可利用秸秆资源分布在贵州、甘肃和青海,而年产 1 万吨项目则主要集中在河南、山东、四川和黑龙江,分别占可利用秸秆总量的 13.37%、9.68%、8.65% 和 7.99%。在情景Ⅳ中,25 兆瓦直燃发电项目、12 兆瓦气化发电项目和年产 1 万吨燃料成型项目的最终可利用秸秆总量均为 22 795.79 万吨,与可能源化秸秆的生态总量相等,同时可能源化秸秆资源的空间分布也与可能源化秸秆生态资源的分布相同。此外,年产 5 000 吨燃料成型项目的可利用秸秆总量和资源分布与情景Ⅲ相同。6 兆瓦直燃发电项目的最终可能源化秸秆资源总量为 22 758.58 万吨。则在不同发展情景下,不同秸秆能源化项目的最终可能源化秸秆资源的技术经济生态总量如图 7.15 所示。

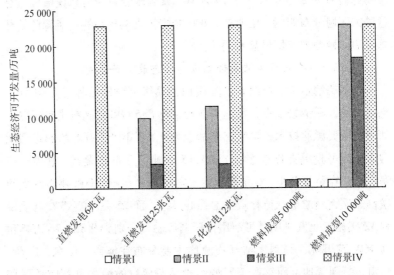

图 7.15　年投资回报率为 10% 时可能源化秸秆资源技术经济生态总量

7.3.2 中土壤生态最小保留量

7.3.2.1 年投资回报率为0时生态最小保留量

在四种情景中，纤维素乙醇项目的最终可利用秸秆资源总量依旧为0。

在情景Ⅰ中，6兆瓦直燃发电项目、25兆瓦直燃发电项目和12兆瓦气化发电项目的最终可利用秸秆资源技术经济生态总量分别为1 521.86万吨、6 051.96万吨和6 557.01万吨。其中，6兆瓦直燃发电项目的可利用秸秆资源仅分布在广东、广西和海南，而25兆瓦直燃发电项目和12兆瓦气化发电项目的可利用秸秆资源均主要分布在河南、山东、湖北、湖南和广西。对于燃料成型项目，年产5 000吨和年产1万吨项目的可利用秸秆资源总量分别为2 837.25万吨和10 765.45万吨。其中，年产5 000吨项目的可利用秸秆资源主要集中在四川、重庆、甘肃、贵州、内蒙古，而年产1万吨燃料成型项目主要分布在河南、山东、四川、云南。

在情景Ⅱ中，年产5 000吨燃料成型项目的可利用秸秆资源总量及分布与情景Ⅰ相同，而发电类项目和年产1万吨燃料成型项目的最终可利用秸秆资源技术经济生态总量均为13 717.95万吨。

在情景Ⅲ中，25兆瓦直燃发电项目、12兆瓦气化发电项目和年产1万吨燃料成型项目的可利用秸秆资源均为13 717.95万吨，而6兆瓦直燃发电项目和年产5 000吨燃料成型项目的可利用秸秆资源总量分别为11 641.06万吨和10 903.37万吨。其中，6兆瓦直燃发电项目的可利用秸秆资源主要分布在河南、山东、四川和广西，而年产5 000吨燃料成型项目主要分布在河南、山东、四川、黑龙江和云南。

在情景Ⅳ中，年产5 000吨燃料成型项目的可利用秸秆资源和分布与情景Ⅲ相同，而发电类项目和年产1万吨燃料成型项目的可利用秸秆资源技术经济生态总量均为13 717.95万吨，均主要分布在河南、山东、四川、广西等地。则在不同技术水平和政策激励强度下，不同秸秆能源化项目的最终可利用秸秆资源技术经济生态总量具体如图7.16所示。

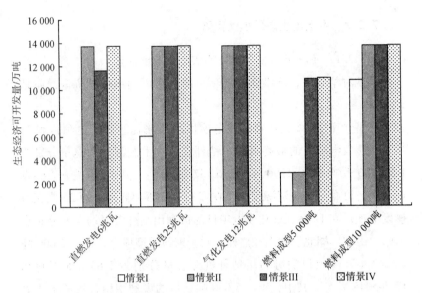

图 7.16　年投资回报率为 0 时可能源化秸秆资源技术经济生态总量

7.3.2.2　年投资回报率为 5% 时生态最小保留量

当年投资回报率为 5% 时，由于纤维素乙醇项目在各区域不具有经济性，其在各区域的最大经济收集半径均为 0，故在四种情景中最终可利用秸秆技术经济生态总量也为 0。

在情景Ⅰ中，受最大经济收集半径和秸秆资源密度的影响，6 兆瓦直燃发电项目和年产 5 000 吨燃料成型项目的最终可能源化秸秆资源均为 0。而 25 兆瓦直燃发电项目、12 兆瓦气化发电项目和年产 1 万吨燃料成型项目的可利用秸秆资源总量分别约为 1 521.86 万吨、1 521.86 万吨和 6 108.51 万吨。其中，25 兆瓦直燃发电项目和 12 兆瓦气化发电项目的可利用秸秆资源均仅分布在广东、广西和海南，而年产 1 万吨燃料成型项目的可利用秸秆资源主要分布在四川、黑龙江和湖南，分别约占可利用秸秆总量的 17.13%、13.77% 和 10.86%。

在情景Ⅱ中，年产 5 000 吨燃料成型项目的可利用秸秆经济总量与情景Ⅰ相同，仍为 0；6 兆瓦直燃发电项目、25 兆瓦直燃发电项目和 12 兆瓦气化发电项目的最终可能源化秸秆总量分别为 10 882.89 万吨、12 798.21 万吨、12 801.89 万吨，年产 1 万吨燃料成型项目的可利用秸秆资源为 13 717.95 万吨，可能源化秸秆资源主要分布在河南、山东、四川、广西和云南等地。

在情景Ⅲ中，6 兆瓦直燃发电项目的最终可利用秸秆资源总量为 2 587.80 万吨，25 兆瓦直燃发电项目和 12 兆瓦气化发电项目均为 9 598.17 万吨。其中，6 兆瓦直燃发电项目的可利用秸秆资源仅分布在浙江、江西、湖南、广东、广西和海南，25 兆瓦直燃发电项目和 12 兆瓦气化发电项目的可利用秸秆资源的空间分布相同，均主要分布在河南、山东、广西和四川。此外，对于秸秆燃料成型项目，年产 5 000 吨和年产 1 万吨项目的最终可利用秸秆资源分别为 6 118.26 万吨和 12 018.42 万吨。

在情景Ⅳ中，发电类项目和年产 1 万吨燃料成型项目的最终可利用秸秆资源总量均为 13 717.95 万吨，而年产 5 000 吨燃料成型项目的可利用秸秆资源与情景Ⅲ相同，均为 6 118.26 万吨。则在不同情景下，不同秸秆能源化项目的最终可利用秸秆资源的技术经济生态总量具体如图 7.17 所示。

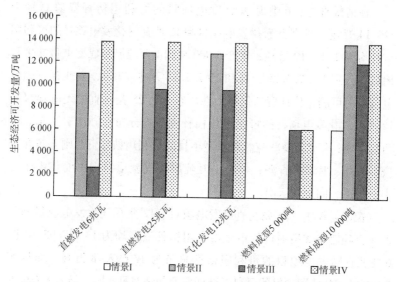

图 7.17　年投资回报率为 5% 时可能源化秸秆资源技术经济生态总量

7.3.2.3　年投资回报率为 10% 时生态最小保留量

受最大经济收集半径为 0 的影响，纤维素乙醇项目在四种情景中的可能源化秸秆的技术经济总量依旧为 0。

在情景 I 中，受最大经济收集半径和秸秆能源化项目中秸秆理论需求量的影响，发电类项目和年产 5 000 吨燃料成型项目的最终可利用秸秆资源均为 0，而年产 1 万吨燃料成型项目的可利用秸秆资源为 773.07 万吨，分布在贵州、甘肃和青海。

在情景 II 中，年产 5 000 吨燃料成型项目的可利用秸秆资源仍为 0，6 兆瓦直燃发电项目、25 兆瓦直燃发电项目、12 兆瓦气化发电项目和年产 1 万吨燃料成型项目的可利用秸秆资源总量分别为 961.17 万吨、6 075.7 万吨、6 898.9 万吨和 13 717.95 万吨。其中，6 兆瓦直燃发电项目的可利用秸秆资源仅集中于广西一地；25 兆瓦直燃发电项目和 12 兆瓦气化发电项目的最终可利用秸秆资源均主要分布在河南、山东、广西、四川和新疆。

在情景 III 中，6 兆瓦直燃发电项目的可利用秸秆资源总量为426.14 万吨，25 兆瓦直燃发电项目和 12 兆瓦气化发电项目的可利用秸秆均为 2 185.19 万吨；年产 5 000 吨和 1 万吨燃料成型项目的可利用秸秆分别为 1 236.28 万吨和 10 722.88 万吨。其中，6 兆瓦直燃发电项目的可利用秸秆资源仅集中在广东，而 25 兆瓦直燃发电项目和12 兆瓦气化发电项目的可能源化秸秆资源均分布在湖南、广东、广西和海南；年产 5 000 吨燃料成型项目的可利用秸秆资源则分布在重庆、贵州、甘肃和青海；年产 1 万吨燃料成型项目则主要集中于河南、山东、四川和云南。

在情景 IV 中，25 兆瓦直燃发电项目、12 兆瓦气化发电项目和年产 1 万吨燃料成型项目的最终可利用秸秆资源均为 13 717.95 万吨，6 兆瓦直燃发电项目的可利用秸秆总量为 13 697.78 万吨，而年产5 000 吨燃料成型项目的可利用秸秆资源与情景 III 相同，仍为 1 236.28万吨。

则在四种情景下，不同秸秆能源化项目的最终可利用秸秆资源的技术经济生态总量具体如图 7.18 所示。

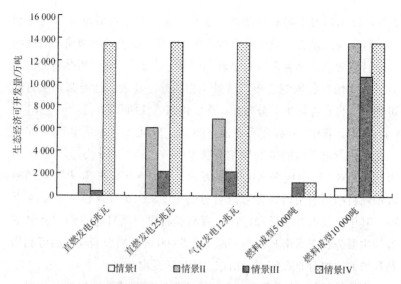

图 7.18　年投资回报率为 10% 时可能源化秸秆资源技术经济生态总量

7.3.3　高土壤生态最小保留量

7.3.3.1　年投资回报率为 0 时生态最小保留量

在四种情景下，由于纤维素乙醇项目在所有区域内均不经济，因此其最终可利用秸秆的技术经济生态总量均为 0。

在情景 I 中，6 兆瓦直燃发电项目和 25 兆瓦直燃发电项目的可利用秸秆资源总量分别为 1 381.7 万吨和 2 456.08 万吨，12 兆瓦气化发电项目的可利用秸秆资源总量为 2 784.08 万吨，年产 5 000 吨和 1 万吨燃料成型项目的可利用秸秆资源总量分别为 2 189.89 万吨和 5 939.6 万吨。其中，6 兆瓦直燃发电项目的可利用秸秆资源主要来自江西、广东、广西和海南，25 兆瓦直燃发电项目和 12 兆瓦气化发电项目的可利用秸秆资源均主要来自广西、山东、广东和湖南；年产 5 000 吨燃料成型项目的可利用秸秆资源则主要来自四川、重庆、湖南、内蒙古和甘肃；年产 1 万吨燃料成型项目的可利用秸秆资源主要来自四川、山东、河南和云南。

在情景 II 中，6 兆瓦直燃发电项目、25 兆瓦直燃发电项目和 12 兆瓦气化发电项目的可利用秸秆资源总量分别为 7 753.04 万吨、

7 754.42 万吨和 7 754.42 万吨，而年产 1 万吨燃料成型项目的可利用秸秆资源总量为 7 756.19 万吨，年产 5 000 吨燃料成型项目的可利用秸秆资源总量仍为 2 189.89 吨。同时，除年产 5 000 吨燃料成型项目的可利用秸秆资源分布与情景 I 相同外，其余秸秆能源化项目的可利用秸秆资源均主要分布在广东、山东、江西和重庆。

在情景Ⅲ中，6 兆瓦直燃发电项目、25 兆瓦直燃发电项目和 12 兆瓦气化发电项目的可利用秸秆技术经济生态总量分别为 7 055.54 万吨、7 689.17 万吨和 7 690.93 万吨，年产 5 000 吨 和 1 万吨燃料成型项目的可利用秸秆资源总量分别为 5 939.6 万吨和 7 756.19 万吨。其中，发电类项目和年产 1 万吨燃料成型项目的可利用秸秆资源均主要分布在河南和广西，而年产 5 000 吨燃料成型项目的可利用秸秆资源主要分布在河南、山东、四川和云南。

在情景Ⅳ中，发电类项目和年产 1 万吨燃料成型项目的最终可利用秸秆技术经济生态总量均为 7 756.19 万吨，可利用秸秆资源均主要分布在广西、河南、山东、四川和云南；而年产 5 000 吨燃料成型项目的可利用秸秆资源仍为 5 939.60 万吨。则在不同情景下，不同秸秆能源化项目的可利用秸秆资源的技术经济生态总量具体如图 7.19 所示。

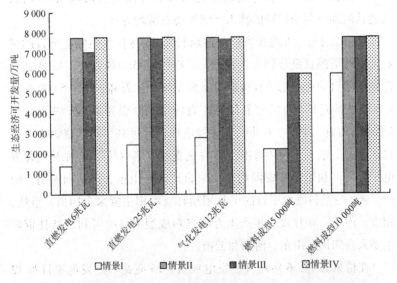

图 7.19 年投资回报率为 0 时可能源化秸秆资源技术经济生态总量

7.3.3.2 年投资回报率为5%时生态最小保留量

当年投资回报率为5%时，纤维素乙醇项目的可利用秸秆资源仍为0。

在情景Ⅰ中，6兆瓦直燃发电项目和年产5 000吨燃料成型项目的可利用秸秆资源的技术经济生态总量均为0，而25兆瓦直燃发电项目和12兆瓦气化发电项目的可利用秸秆资源总量为1 264.17万吨，年产1万吨燃料成型项目的可利用秸秆资源总量为3 794.36万吨。其中，25兆瓦直燃发电类项目和12兆瓦气化发电类项目的可利用秸秆资源均来自广东、广西和海南，年产1万吨燃料成型项目的可利用秸秆资源则主要来自四川、黑龙江、湖北、重庆和甘肃。

在情景Ⅱ中，年产5 000吨燃料成型项目的可利用秸秆资源仍为0，而6兆瓦直燃发电项目、25兆瓦直燃发电项目、12兆瓦气化发电项目和年产1万吨燃料成型项目的可利用秸秆技术经济生态总量分别为5 763.31万吨、6 947.44万吨、7 720.77万吨和7 756.19万吨。其中，6兆瓦直燃发电项目的可能源化秸秆主要来自四川和黑龙江，25兆瓦直燃发电项目和12兆瓦气化发电项目的可利用秸秆资源均主要来自广西、河南、山东、四川和云南。

在情景Ⅲ中，6兆瓦直燃发电项目、25兆瓦直燃发电项目和12兆瓦气化发电项目的可利用秸秆技术经济生态总量分别为1 764.21万吨、5 746.14万吨和5 191.74万吨。其中，6兆瓦直燃发电项目的可利用秸秆资源主要来自广西、广东和湖南，25兆瓦直燃发电项目和12兆瓦气化发电项目的可利用秸秆资源均主要来自广西、河南、山东和四川。对于秸秆能源化项目，年产5 000吨项目和年产1万吨项目的可利用秸秆资源分别为4 675.33万吨和6 640.79万吨，年产5 000吨项目的可利用秸秆资源主要来自河南和四川，而年产1万吨项目的可利用秸秆资源则主要来自河南、山东和四川。

在情景Ⅳ中，气化发电项目和年产1万吨燃料成型项目的可利用秸秆资源均为7 756.19万吨，均主要来自广西、河南、山东和四川；而年产5 000吨燃料成型项目的可利用秸秆资源及分布均与情景Ⅲ相同。则在不同技术水平和政策激励强度下，不同秸秆能源化项目的可利用秸秆资源的技术经济生态总量具体如图7.20所示。

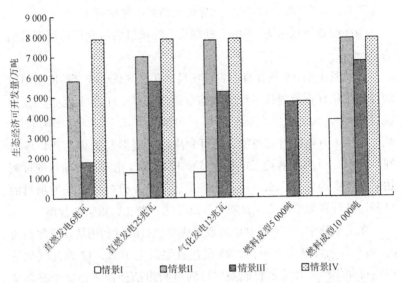

纵轴: 生态经济可开发量/万吨

横轴标签: 直燃发电6兆瓦　直燃发电25兆瓦　气化发电12兆瓦　燃料成型5 000吨　燃料成型10 000吨

图例: □情景I　▦情景II　▨情景III　⊠情景IV

图 7.20　年投资回报率为 5% 时可能源化秸秆资源技术经济生态总量

7.3.3.3　年投资回报率为 10% 时生态最小保留量

由于纤维素乙醇项目在所有区域中均不具有经济性，因此四种情景中纤维素乙醇项目的可利用秸秆的技术经济生态总量仍为 0。同时，受最大经济收集半径和可利用秸秆资源密度的影响，在情景 Ⅰ 中，发电类项目和年产 5 000 吨燃料成型项目的可利用秸秆资源总量均为 0，而年产 1 万吨燃料成型项目的可利用秸秆资源总量约为 853.06 万吨，可利用秸秆资源仅来自重庆、贵州、甘肃、青海四省。

在情景 Ⅱ 中，6 兆瓦直燃发电项目、25 兆瓦直燃发电项目和 12 兆瓦气化发电项目的可利用秸秆资源总量分别为 817.35 万吨、2 445.74 万吨和 3 081.07 万吨。其中，6 兆瓦直燃发电项目的可利用秸秆资源仅自广西，而 25 兆瓦直燃发电项目和 12 兆瓦气化发电项目的可能源化秸秆均主要来自广西、云南、广东、甘肃和新疆。对于秸秆燃料成型项目，年产 5 000 吨项目的可利用秸秆资源仍为 0，而年产 1 万吨燃料成型项目的可利用秸秆资源为 7 756.19 万吨。

在情景 Ⅲ 中，6 兆瓦直燃发电项目、25 兆瓦直燃发电项目和 12 兆瓦气化发电项目的可利用秸秆资源分别为 330.06 万吨、1 661.88 万吨和 1 661.88 万吨。其中，6 兆瓦直燃发电项目的可利用秸秆资源均来自广东，而 25 兆瓦直燃发电项目和 12 兆瓦气化发电项目的可利用秸秆资源均主要来自广西、广东和湖南。对于秸秆燃料成型项目，年产 5 000 吨和 1 万吨项目的可利用秸秆资源的技术经济生态总量分别为 1 590.45 万吨和 5 367.58 万吨，其中年产 5 000 吨燃料成型项目的可利用秸秆资源主要来自四川、重庆、甘肃和贵州，而年产 1 万吨燃料成型项目的可利用秸秆资源主要来自河南、山东和四川。

在情景Ⅳ中，6 兆瓦直燃发电项目、25 兆瓦直燃发电项目和 12 兆瓦气化发电项目的可利用秸秆资源分别为 7 748.65 万吨、7 754.42 万吨和 7 756.19 万吨，年产 5 000 吨和 1 万吨燃料成型项目的可利用秸秆资源分别为 1 590.45 万吨和 7 756.19 万吨。除年产 5 000 吨燃料成型项目外，发电类项目和年产 1 万吨燃料成型项目的可利用秸秆资源均主要来自广西、河南、四川、云南等地。则在不同技术水平和政策激励强度下，不同秸秆能源化项目的可利用秸秆资源的技术经济生态总量具体如图 7.21 所示。

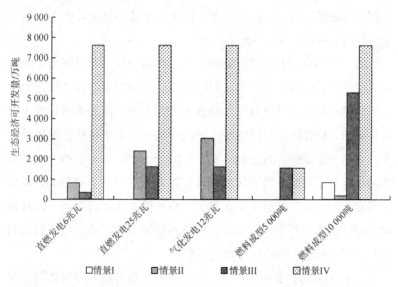

图 7.21　年投资回报率为 10%时可能源化秸秆资源技术经济生态总量

7.4 本章小结

本章内容主要根据区域可能源化秸秆技术经济生态总量评价模型和相应参数，计算了 12 种发展情景下不同秸秆能源化项目在不同区域的秸秆理论需求量、最大经济收集半径和可能源化秸秆技术经济生态总量。研究发现：

（1）不同土壤生态最小保留量对纤维素乙醇项目和秸秆燃料成型项目的秸秆理论需求量影响不大。然而，土壤生态最小保留量的变化会对发电类项目的秸秆理论需求量产生一定影响。由于土壤生态最小保留量的变化，改变了区域可利用秸秆资源的构成，而不同农作物秸秆之间的热值存在差异，从而使得不同土壤生态最小保留量下可利用秸秆的平均热值产生变化，最终影响到发电类项目的秸秆理论需求量。从计算结果来看，土壤生态最小保留量的变化对发电类项目秸秆理论需求量的影响较小。

（2）受区域可利用秸秆资源密度、项目规模、项目类型、项目成本收益等影响因素的制约，不同规模和不同类型秸秆能源化项目在不同区域的最大经济收集半径存在较大差异。由于受项目成本收益的影响，所有情景中纤维素乙醇项目均不具有经济性，使得其在不同情景下不同区域的最大经济收集半径均为 0。另外，由于土壤生态最小保留量的改变会对区域秸秆资源密度产生较大的影响，从而使得在不同土壤生态最小保留量下，秸秆能源化项目在同一区域的最大经济收集半径不同。与此同时，不同类型秸秆能源化项目之间的最大经济收集半径也存在较大的差异。

（3）不同秸秆能源化项目的最终可利用秸秆技术经济生态总量主要受项目最大经济收集半径、项目规模和区域秸秆资源密度的影响。然而，纤维素乙醇项目在 12 种情景中的最大经济收集半径均为 0，使得纤维素乙醇项目的可利用秸秆的技术经济生态总量为 0。从最终可利用秸秆资源总量的大小来看，年产量为 1 万吨的燃料成型项目的经济适宜地区分布最广。相对于其他秸秆能源化项目而言，在不同情景下其最终可利用秸秆资源总量最大，其次为 25 兆瓦直燃发电项目和 12 兆瓦气化发电项目，最后为 6 兆瓦直燃发电项目和年产量为 5 000 吨的燃料成型项目。

8 农业生物质能直接补偿机制设计研究

考虑行为异质性的农业生物质能直接补偿机制设计研究主要包括三个部分:农业生物质能直接补偿可开发量情景设计、不考虑农民行为异质性下农业生物质能直接补偿可开发量研究以及考虑农民行为异质性下农业生物质能直接补偿可开发量研究。

8.1 农业生物质能直接补偿可开发量情景设计

8.1.1 农民行为异质性研究

在西方经济学中,个人劳动供给曲线表现为一条向后弯曲的曲线,如图 8.1 所示,表示随着工作时间的增加,工资也随之增加;但是,当工资增加到一定程度后,随着工资的增加,劳动时间反而会减少。从个人劳动力供给曲线可以看出,劳动者在不同薪资水平下对工资和闲暇需求取决于两者所带来的效用评价。当替代效应大于收入效应时,劳动力供给会随着工资的上涨而增加;当收入效应大于替代效应时,劳动力的供给会随着工资的上涨而减少。

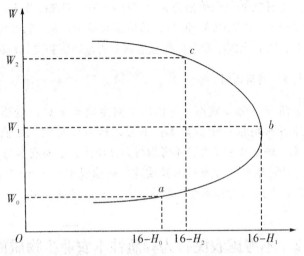

图 8.1　个人劳动力供给曲线

因此，为研究行为异质性对生物质能开发量及生态补偿机制的影响，本书在前人研究的基础上，结合调研数据，考虑不同收入下农村居民对闲暇与工资的偏好，将农民分为三类。第一类，农民在劳动力市场中有较高的收益，其收入效应大于替代效应，因此当秸秆收购价格在 100~200 元/吨时，此类农民不愿意在生物质能市场中提供劳动力，对其决策不会产生任何影响。第二类，农民在当地尤其在劳动力市场中能够找到相应工作，但是其收入效应小于替代效应，因此他们愿意在生物质能市场中提供劳动力，秸秆收购价格的变动对其决策影响很大。当秸秆收购价格越高时，其选择在生物质能市场进行交易的可能性越大；反之其可能性越小。第三类，农民没有其他经济来源，秸秆收购价格对其总体收益影响较大。

8.1.2　模型初始参数设置

由于研究需要，我们对模型初始变量进行设置，以便于直接补偿机制的情景设计与仿真分析。假定：①发电厂处于一个 $l = w = 60$ 千米的正方形的正中心，每个农民的土地为一块 $l' = w' = 300$ 米的正方形；农民均种植水稻，水稻单位面积产量为 484 千克/亩（1 亩 ≈ 666.667 平方米）；草谷比系数为 1.01。②政府的初始补贴 $s_0 = 30$

元／吨。企业初始收购价格为 p_0 = 300 元／吨。③农民务工、务农和闲散的比例为（0.7，0.1，0.2），其单位收益为（20，5，2）。其中，农民务工、闲散比例以及单位收益数据系实地调研和文献调研得到。

8.1.3　情景设计

为了研究行为异质性、运输成本对生物质采集量的影响，设置了以下 4 种情景：①情景Ⅰ：不考虑行为异质性，运输成本为 5 元／千米·吨。②情景Ⅱ：不考虑行为异质性，运输成本为 8 元／千米·吨。③情景Ⅲ：考虑行为异质性，运输成本为 5 元／千米·吨。④情景Ⅳ：考虑行为异质性，运输成本为 8 元／千米·吨。

8.2　不考虑农民行为异质性下农业生物质能直接补偿可开发量研究

8.2.1　情景Ⅰ仿真分析

在不考虑农民行为的情况下，秸秆回收量与运输距离、秸秆收购价格有关。则当运输成本为 5 元／千米·吨，政府补贴为 30 元／吨时，生物质发电厂在秸秆收购价格分别为 200 元／吨、150 元／吨和 100 元／吨时，农民的收益和生物质发电厂秸秆收购量仿真结果分别如表 8.1、图 8.2 所示。

图 8.2（a）（b）（c）分别给出了秸秆收购价格分别为 200 元／吨、150 元／吨、100 元／吨时的各个地区农民收益分布图。从图中可以看出，其仿真结果与实际类似。随着收购价格的减少，能够通过秸秆交易获取收益的农民越来越少，并且其收益率越来越低。

图 8.2（d）（e）（f）分别给出了当秸秆收购价格分别为 200 元／吨、150 元／吨、100 元／吨时，农民有意愿出售秸秆的区域以及各个地区农民愿意交易秸秆数量的分布图。当秸秆收购价格为 200 元／吨时，所有的农民都愿意出售其所有的秸秆，则秸秆收集总量为 87.1 万吨。当秸秆收购价格为 150 元／吨时，会有部分农民退出交易市场。此时秸秆的收购量为 82.82 万吨。当秸秆收购价格降至 100 元／吨时，最终秸秆收购量为 51.37 吨。

表 8.1　情景 I 下农民收益及秸秆收购量

运输成本 （元/千米·吨）	原料价格 （元/吨）	农民收益 （万元）	收购量 （万吨）
5	200	10 036.33	87.11
5	150	5 725.93	82.82
5	100	2 226.75	51.37

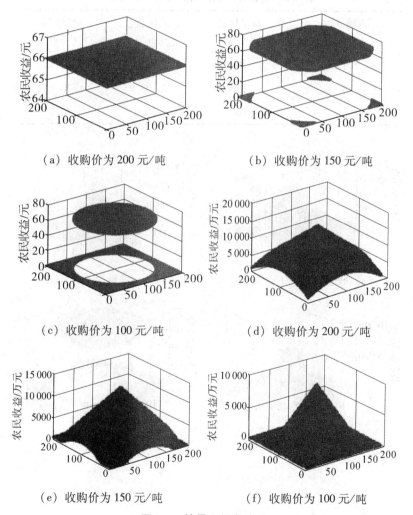

（a）收购价为 200 元/吨　　　　（b）收购价为 150 元/吨

（c）收购价为 100 元/吨　　　　（d）收购价为 200 元/吨

（e）收购价为 150 元/吨　　　　（f）收购价为 100 元/吨

图 8.2　情景 I 仿真结果

8.2.2 情景Ⅱ仿真分析

为了研究运输成本对秸秆收购量的影响，在情景Ⅰ的基础上提高单位运价。假定运输成本为 8 元/千米·吨，则当政府补贴为 30 元/吨，秸秆收购价格分别为 200 元/吨、150 元/吨、100 元/吨时，仿真结果如表 8.2 和图 8.3 所示。

表 8.2   情景Ⅱ下农民收益及秸秆收购量

运输成本 （元/千米·吨）	原料价格 （元/吨）	农民收益 （万元）	收购量 （万吨）
8	200	4 817.07	62.82
8	150	2 308.95	38.43
8	100	869.81	20.11

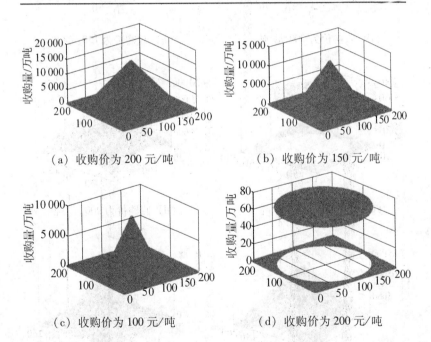

(a) 收购价为 200 元/吨   (b) 收购价为 150 元/吨

(c) 收购价为 100 元/吨   (d) 收购价为 200 元/吨

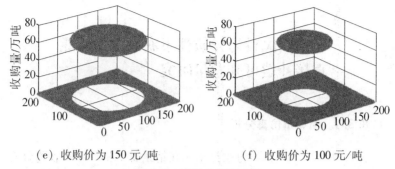

(e) 收购价为 150 元/吨   (f) 收购价为 100 元/吨

图 8.3 情景 Ⅱ 仿真结果

图 8.3（a）（b）（c）分别给出了秸秆收购价格分别为 200 元/吨、150 元/吨、100 元/吨时不同地区农民的收益分布图。从图中可以看出，与情景 Ⅰ 类似，随着收购价格降低能够获取收益的农民越来越少，并且其利润率越来越低。因此，越来越多的农民退出生物质能市场，进入劳动力市场。

图 8.3（d）（e）（f）分别给出了秸秆收购价格分别为 200 元/吨、150 元/吨、100 元/吨时不同地区农民愿意交易的秸秆数量分布图。当收购价格为 200 元/吨时，所有农民愿意交易的秸秆量为 62.82 万吨；当收购价格为 150 元/吨时，会有部分农民退出市场。此时秸秆收集量为 38.43 万吨；当收购价格降至 100 元/吨时，农民只愿意提供 20.11 万吨秸秆。

与情景 Ⅰ 相比，情景 Ⅱ 中单位运输价格上涨了 60%。而在秸秆收购价格分别为 200 元/吨、150 元/吨、100 元/吨时，农民收益分别减少了 52%、59.68%、60.94%，秸秆收集量分别减少了 27.88%、53.60%、60.85%。则在不同秸秆收购价格下，农民收益对运输价格的弹性系数分别为 0.87、0.99、1.02，秸秆收集量对运输价格的弹性系数分别为 0.46、0.89、1.01。由此可以看出，随着秸秆原料收购价格的降低，单位秸秆运输成本提高对秸秆收集量及农民收益的影响越来越大。因此，为了减小运输成本过高对农民秸秆交易收益和秸秆收集量的影响，在不增加财政补贴的情况下，可设置相应的秸秆收购保护价格。

8.3 考虑农民行为异质性下农业生物质能 直接补偿可开发量研究

8.3.1 情景Ⅲ仿真分析

图 8.4（a）（b）（c）分别给出了在情景Ⅲ下秸秆原料收购价格为 200 元/吨、150 元/吨、100 元/吨时的不同地区农民的收益分布图。从图中可以看出：第 1 类农民，由于在劳动力市场中收益较高，当秸秆收购价格在 100~200 元/吨时，对其决策不会产生任何影响。第 2 类农民，由于可以在当地劳动力市场中找到相应的工作，因此，收购价格对其影响最大。当秸秆收购价格越高时，其在生物质能市场中进行交易的可能性越大，反之其在生物质能市场中进行交易的可能性则越小；由于情景Ⅲ中秸秆原料价格较低，只有少数农民愿意出售少量秸秆，因此第 2 类农民的收益变化不大。第 3 类农民，由于没有其他经济来源，秸秆收购价格对其总体收益影响较大，当价格由 100 元/吨上升到 200 元/吨时，其收益从 1 295 万元上升到 2 033.88 万元。为了观察第 2 类农民和第 3 类农民出售秸秆的收益，图 8.4（d）（e）（f）分别给出了收购价格为 200 元/吨、150 元/吨、100 元/吨时的两类人群的收益情况。

图 8.4（g）（h）（i）分别给出了在情景Ⅲ下秸秆原料收购价格为 200 元/吨、150 元/吨、100 元/吨时的不同类型农民的出售区域。第 1 类农民，售出量为 0。第 2 类农民，当收购价格为 200 元/吨时，其售出量为 0.5 万吨，其他为 0。第 3 类农民，当收购价格分别为 200 元/吨、150 元/吨、100 元/吨时，售出量分别为 14.65 万吨、6.88 万吨、2.05 万吨。与情景Ⅰ相比，农民行为对秸秆收集量有显著影响，且农民行为对秸秆收集量的影响与秸秆收购价格成反比，在秸秆价格分别为 200 元/吨、150 元/吨、100 元/吨时，秸秆收集量分别下降了 75.88%、82.10%、89.81%。

表 8.3　情景Ⅲ下秸秆收集量及不同类型农民收益

收益及秸秆收集量		仿真 1	仿真 2	仿真 3
运输成本（元/千米·吨）		5	5	5
秸秆原料价格（元/吨）		200	150	100
农民收益 （万元）	第 1 类	133 392.39	133 691.72	132 964.77
	第 2 类	5 092.9	5 114.92	5 114.92
	第 3 类	2 033.88	1 473.35	1 295.33
秸秆收集量 （万吨）	第 1 类	0	0	0
	第 2 类	0.5	0	0
	第 3 类	14.65	6.88	2.05
	小计	15.15	6.88	2.05

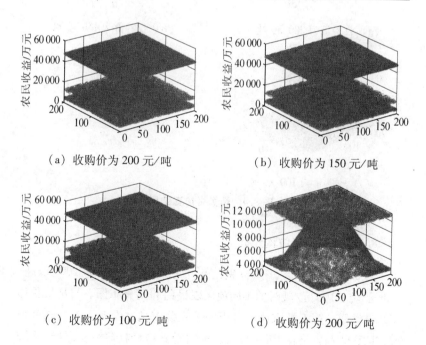

（a）收购价为 200 元/吨　　　　　（b）收购价为 150 元/吨

（c）收购价为 100 元/吨　　　　　（d）收购价为 200 元/吨

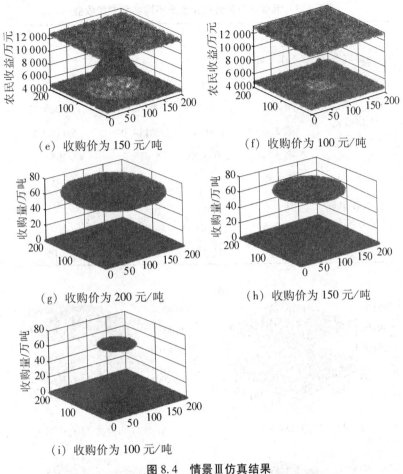

（e）收购价为 150 元/吨　　　　　（f）收购价为 100 元/吨

（g）收购价为 200 元/吨　　　　　（h）收购价为 150 元/吨

（i）收购价为 100 元/吨

图 8.4　情景Ⅲ仿真结果

8.3.2　情景Ⅳ仿真分析

图 8.5（a）（b）（c）分别给出了秸秆收购价格为 200 元/吨、150 元/吨、100 元/吨时的不同地区农民的利润分布图。与情景Ⅲ仿真结果类似，第 1 类农民，由于务工收益较高，没有人参加秸秆出售，秸秆收购价格在 100~200 元/吨时对其秸秆收益没有影响；第 2 类农民，由于在当地可以找到工作，因此秸秆收购价格对其影响较大，由于价格较低，只有少数农民愿意出售秸秆；第 3 类农民，由于没有其他经济来源，秸秆原料收购价格对其总体利润影响较大，

当价格由 100 元/吨上升到 200 元/吨时,其利润从 1 272 万元上涨到 1 591 万元。为了便于观察第 2 类农民和第 3 类农民出售秸秆收益,图 8.5 (d)(e)(f)分别给出了收购价格为 200 元/吨、150 元/吨、100 元/吨时这两类人群的收益。

图 8.5 (g)(h)(i)分别给出了秸秆原料收购价格为 200 元/吨、150 元/吨、100 元/吨时的不同类型农民的出售区域。从图中可以看出,对于有经济利润的秸秆收购区域,仍然有农民不愿意出售。第 1 类农民,其出售量为 0;第 2 类农民,当收购价格为 200 元/吨时,其收购量为 0.17 万吨,其他则为 0;第 3 类农民,当秸秆价格分别为 200 元/吨、150 元/吨、100 元/吨时,其收购量分别为 5.96 万吨、2.81 万吨、0.79 万吨。

由于第 1 类农民和绝大多数第 2 类农民不参与秸秆交易,因此当单位运输价格上升时,对其收入影响很小。第 3 类农民,单位运输价格上涨对农民收益影响较小,且随着秸秆原料收购价格降低,运输价格提高对最终农民收益的影响越来越小,当秸秆收购价格分别为 200 元/吨、150 元/吨、100 元/吨时,与情景Ⅲ相比农民收入分别减少 21.78%、7.48%、1.83%。而单位运输价格上升,对最终秸秆收集量有显著影响,在秸秆原料收购价格分别为 200 元/吨、150 元/吨、100 元/吨时,与情景Ⅲ相比最终秸秆收购量分别减少 59.6%、59.16%、61.46%。

表 8.4　情景Ⅳ下秸秆收集量及不同类型农民收益

收益及秸秆收集量		仿真 1	仿真 2	仿真 3
运输成本（元/千米·吨）		8	8	8
秸秆原料价格（元/吨）		200	150	100
农民收益 （万元）	第 1 类	132 741.46	132 646.44	132 850.74
	第 2 类	5 066.59	5 088.31	5 106.05
	第 3 类	1 590.99	1 363.21	1 271.6

表8.4(续)

收益及秸秆收集量		仿真1	仿真2	仿真3
秸秆收集量 （万吨）	第1类	0.00	0.00	0.00
	第2类	0.17	0.00	0.00
	第3类	5.96	2.81	0.79
	小计	6.12	2.81	0.79

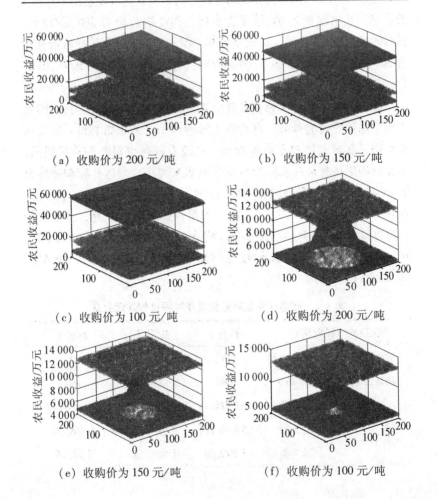

（a）收购价为200元/吨　　　　　（b）收购价为150元/吨

（c）收购价为100元/吨　　　　　（d）收购价为200元/吨

（e）收购价为150元/吨　　　　　（f）收购价为100元/吨

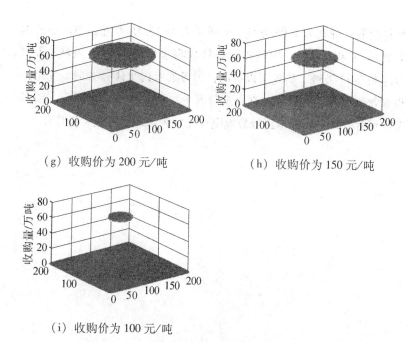

（g）收购价为 200 元/吨　　　　　（h）收购价为 150 元/吨

（i）收购价为 100 元/吨

图 8.5　情景Ⅳ仿真结果

8.4　本章小结

本章主要是对在直接补偿机制下生物质能可开发量进行研究。其中，在直接补偿理论的基础上提出了农民行为异质性的概念。利用劳动供给曲线将农民分为三类，然后设计四种情景，对其进行仿真分析。研究发现：①在不考虑农民行为异质性，政府补贴为 30 元，运输成本为 5 元/千米·吨，原料价格分别为 100 元/吨、150 元/吨、200 元/吨的情境下，生物质能秸秆收购量分别为 51.37 万吨、82.82 万吨和 87.11 万吨；当运输成本为 8 元/千米·吨时，生物质能秸秆收购量分别为 20.11 万吨、38.43 万吨和 62.82 万吨；②在考虑农民行为异质性，政府补贴为 30 元/吨，运输成本为 5 元/千米·吨，原料价格分别为 100 元/吨、150 元/吨、200 元/吨的情境下，生物质能秸秆收购量分别为 2.05 万吨、6.88 万吨和 15.15 万吨；当运输成本为 8 元/千米·吨时，生物质能秸秆收购量分别为 0.79 万吨、2.81 万吨和 6.12 万吨。由此可以看出，当考虑农民个体行为时，发电厂很难收购足够量的秸秆，难以维持发电厂的日常生产。这与当前只考虑秸秆物理量，而最终导致发电厂无法正常运营的现状相符合。

9 农业生物质能间接补偿机制设计研究

农业生物质能间接补偿机制是指通过对能源企业激励的方式，对生物质能原料中间收购商进行补偿。为更加准确地研究间接补偿机制下农业生物质原料可开发量，在此对农民出售秸秆的对象、政府补贴的对象都做了严格的控制。其中，农民只能选择将秸秆就地遗弃、焚烧或者出售给生物质发电厂和生物质原料中间收购商，政府只能对中间收购商进行补贴，不能对农民或生物质发电厂进行补贴。

9.1 农业生物质能间接补偿机制设计

9.1.1 农业生物质能间接补偿机制概述

在对农业生物质能间接补偿机制进行仿真研究中，我们对其主体进行如下假设：①生物质能市场中有一个中间收购商，负责收购当地农民手中的秸秆，然后以固定价格出售给生物质发电厂；②当地农民通过考虑在劳动力市场和生物质能市场中的收益，决定是否采集出售秸秆；③农民选择出售秸秆，通过考虑出售给中间收购商和生物质发电厂的利润来确定出售对象；④生物质发电厂依据所收购的秸秆总量来确定生物质发电厂规模；⑤政府通过改变对生物质原料中间收购商的补贴额度来调整秸秆收集量，并且通过制定秸秆还田、秸秆回收、秸秆禁止燃烧等政策，以确定农民处理秸秆的方式。图 9.1 表示间接补偿机制下的多主体生物质能仿真平台基本框架以及间接补偿机制下各个主体之间的相互作用关系。

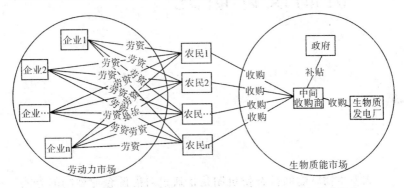

图 9.1 间接补偿机制下的多主体生物质能仿真平台基本框架

9.1.2 仿真情景设计

为研究生物质原料中间收购商的加入以及间接补贴生物质原料中间收购商对生物质原料采集量的影响，设置了以下 3 种情景：①情景Ⅰ：无补偿条件下生物质发电厂直接采购模式，即单位运输成本为 2 元/千米·吨，生物质发电厂初始收购价格分别为 100 元/吨、150 元/吨、200 元/吨。②情景Ⅱ：无补偿条件下生物质原料中间收购商采购模式，即单位运输成本为 1 元/千米·吨，中间收购商收购价格为 100 元/吨，生物质发电厂初始收购价格分别为 100 元/吨、150 元/吨、200 元/吨。③情景Ⅲ：间接补偿条件下生物质原料中间收购商采购模式，单位运输成本为 1 元/千米·吨，中间收购商收购价格为 50 元/吨，政府对中间收购商实行间接补偿每吨 50 元，生物质发电厂初始收购价格分别为 100 元/吨、150 元/吨、200 元/吨。

9.2 间接补偿机制下的多主体仿真模型

9.2.1 农民决策模型

现假定农民只能将秸秆卖给前来收购的中间收购商，农民秸秆成本为零，则只存在与中间收购商通过讨价还价模型进行博弈。当理论需求量大于实际收购量时，中间收购商会降低收购价格；当实际收购量小于理论需求量时，中间收购商会提高收购价格。则农民秸秆原料定价、秸秆供给量以及收益模型如下：

（1）秸秆原料定价模型。

$$p_{i, j, t} = \begin{cases} p_{i, j, t-1} + \Delta p & Q - Q' > \Delta Q \\ p_{i, j, t-1} & |Q - Q'| \le \Delta Q \\ p_{i, j, t-1} - \Delta p & Q - Q' < -\Delta Q \end{cases} \tag{9.1}$$

式中，$p_{i, j, t}$ 表示农民当前愿意出售秸秆原料的价格；Q 表示满足生物质发电厂规模的秸秆量；Q' 表示实际收购的秸秆量；ΔQ 表示实际收购秸秆量与秸秆理论需求量之间的最小差值；Δp 表示农民与中间收购商价格调整的差值。

（2）农民秸秆供给量模型。

$$q_{i, j, t} = (1 - b_{ratio}) \times \omega \times l \times w \tag{9.2}$$

式中，$q_{i, j, t}$ 表示农民秸秆供给量；b_{ratio} 表示秸秆非能源化利用所占的比重。

（3）农民收益模型。

在确定秸秆定价和供给量后的农民收益可表示为式（9.3）。

$$\pi_{i, j, t} = p_{i, j, t} \times q_{i, j, t} \tag{9.3}$$

9.2.2 生物质原料中间收购商决策模型

中间收购商从农民那里收购秸秆，然后通过自有运输设备，运输到生物质发电厂，并与生物质发电厂通过讨价还价模型进行博弈。则中间收购商的运输成本模型、采购成本模型、采购量模型、总的采购成本模型、中间收购商的总的利润模型以及中间收购商的价格决策模型等分别如下所示。

（1）中间收购商对农民 $f_{i,j}$ 的运输成本模型。

$$c_{\text{tran}, i, j} = C_{\text{tran}, \text{unit}} \times \sqrt{(il')^2 + (jw')^2} \qquad (9.4)$$

式中，$c_{\text{tran}, \text{unit}}$ 表示单位运输成本；$\sqrt{(il')^2 + (jw')^2}$ 表示农民 $f_{i,j}$ 到生物质发电厂的距离。

（2）中间收购商对 $f_{i,j}$ 的采购成本模型。

中间收购商的采购成本为向农民 $f_{i,j}$ 购买秸秆的价格。

$$c_{\text{buy}, i, j} = p_{i,j} \qquad (9.5)$$

（3）中间收购商的采购量模型。

中间收购商对 $f_{i,j}$ 的采购量为 $q_{i,j}$，则中间收购商的收购量可表示为式（9.6）。

$$Q = \sum_{i=0, j=0}^{i=m, j=n} q_{i,j} \qquad (9.6)$$

（4）中间收购商总的采购成本模型。

$$C_v = \sum_{i=0, j=0}^{i=m, j=n} (c_{\text{tran}, i, j} + c_{\text{buy}, i, j}) q_{i,j} \qquad (9.7)$$

式中，$c_{\text{tran}, i, j}$ 表示单位运输成本；$c_{\text{buy}, i, j}$ 表示每单位秸秆购买成本；$q_{i,j}$ 表示农民秸秆出售量。

（5）中间收购商的总的利润模型。

$$\pi = \sum_{i=0, j=0}^{i=m, j=n} (p_{i,j} - c_{i,j}) q_{i,j} - C_v - C_f \qquad (9.8)$$

式中，$p_{i,j}$ 表示中间收购商出售秸秆的价格；$c_{i,j}$ 表示中间收购商购买秸秆的价格；C_v 表示采购成本；C_f 表示固定成本，如企业固定资产折旧、日常运营费用等。

（6）中间收购商对农民 $f_{i,j}$ 的价格决策模型。

$$p_{i, j, t} = \begin{cases} p_{i, j, t-1} + \Delta p & Q - Q' > \Delta Q \\ p_{i, j, t-1} & |Q - Q'| \leqslant \Delta Q \\ p_{i, j, t-1} - \Delta p & Q - Q' < -\Delta Q \end{cases} \qquad (9.9)$$

式中，$p_{i, j, t}$ 表示农民与中间收购商愿意购买秸秆原料的价格；Δp 表示农民与中间收购商价格调整的差值。

9.2.3 生物质发电厂决策模型

生物质发电厂采用统一价格收购，假定其统一采购价格可表示为式（9.10）。

$$P_t = P_{t-1} + \Delta P \tag{9.10}$$

式中，P_t 表示生物质发电厂当前收购价格；ΔP 表示秸秆原料价格调整步值。

9.2.4　政府决策模型

在本章，假定政府只对生物质原料中间收购商进行补偿，则补偿模型可表示为式（9.11）。

$$S_t = S_{t-1} + \Delta S \tag{9.11}$$

式中，S_t 为当前政府补贴力度；ΔS 表示政府补贴力度调整步值。

9.3　农业生物质能间接补偿可开发量研究

9.3.1　模型初始参数设置

由于研究需要，我们对模型初始变量进行设置，以便于间接补偿机制的情景设计与仿真分析。假设：①收购面积为一个 $l = w = 60$ 千米的正方形，生物质发电厂位于 30×30 千米处；②每 300 米处有一户农民，每户农民拥有 13.5 亩地，水稻单位面积产量为 0.5 吨，草谷比系数为 1.01，即每户农民可以提供 6.75 吨秸秆；③生物质发电厂收购价格分别为 100 元/吨、150 元/吨、200 元/吨；④在直接采购模式下，每户需要 2 个人，每个人的日工资为 150 元，共 300 元，则人工成本为 45 元/吨；⑤在中间收购商采购模式下，考虑到机械化程度，每个人的工作效率是非专业人员的 1.2 倍，即人工成本为 37.5 元/吨。

9.3.2　情景 I 仿真分析

在直接采购模式且不考虑补偿的情况下，秸秆回收量与运输距离、秸秆回收价格有关。则当运输成本为 2 元/千米·吨时，生物质发电厂收购价格分别为 100 元/吨、150 元/吨、200 元/吨。在政府无补贴的条件下，农民的收益成本以及生物质发电厂秸秆收集量的仿真结果分别如表 9.1 和图 9.2 所示。

表 9.1　情景 Ⅰ 下农民收益、成本及秸秆收集量

	100 元/吨	150 元/吨	200 元/吨
农民收益/元	483 966.7	2 363 495.2	4 363 495.2
农民成本/元	2 154 133.3	3 636 504.8	3 636 504.8
秸秆收集量/吨	159 868.9	242 400	242 400

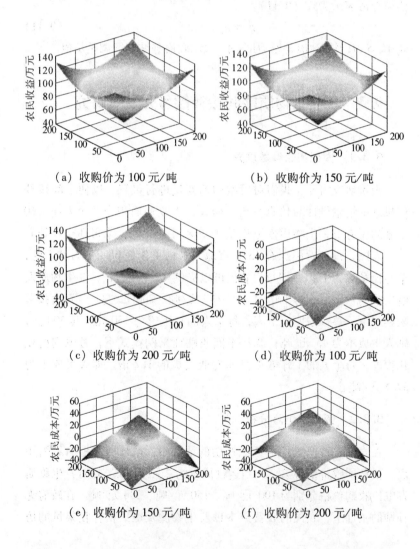

(a) 收购价为 100 元/吨　　　　(b) 收购价为 150 元/吨

(c) 收购价为 200 元/吨　　　　(d) 收购价为 100 元/吨

(e) 收购价为 150 元/吨　　　　(f) 收购价为 200 元/吨

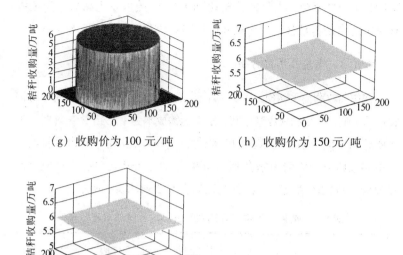

（g）收购价为 100 元/吨　　　　（h）收购价为 150 元/吨

（i）收购价为 200 元/吨

图 9.2　情景 I 仿真结果

图 9.2（a）（b）（c）分别给出了当生物质发电厂秸秆收购价格为 100 元/吨、150 元/吨、200 元/吨时不同地区农民的收益图。从图中可以看出，仿真结果与实际相似。随着收购价格的提高，农民通过秸秆交易获得的收益越大，收益率也越来越高。

图 9.2（d）（e）（f）分别给出了当运输成本为 2 元/千米·吨，劳动力成本为 45 元/吨时不同地区农民的成本图。从图中可以看出，随着距离的增加，成本越来越高。当生物质发电厂收购价格达到 150 元/吨时，该地区所有农民都愿意出售秸秆。所以，当生物质发电厂收购价格超过 150 元/吨后，随着生物质发电厂收购价格的升高，农民成本保持 363.65 万元不变。

图 9.2（g）（h）（i）分别给出了当生物质发电厂秸秆收购价格为 100 元/吨、150 元/吨、200 元/吨时发电厂的秸秆收购量。从图中可以看出，随着收购价的升高，秸秆收集量也增加。当生物质发电厂收购价格为 100 元/吨时，只有近距离农户愿意出售秸秆，秸秆收

购量为 15.99 万吨；当收购价格达到 150 元/吨以及更高后，当地所有农民愿意出售秸秆，生物质发电厂可以收集到 24.24 万吨秸秆。

9.3.3　情景 Ⅱ 仿真分析

在中间收购商采购模式下，为了研究运输成本与收购价格对秸秆回收量的影响，当生物质原料中间收购商运输成本为 1 元/千米·吨时，生物质原料中间收购商对农民的收购价格为 100 元/吨，生物质发电厂对中间收购商的收购价格分别为 100 元/吨、150 元/吨、200 元/吨，在政府无补贴的情况下，仿真结果如表 9.2 和图 9.3 所示。

表 9.2　情景 Ⅱ 下中间收购商收益、成本及秸秆收集量

	100 元/吨	150 元/吨	200 元/吨
农民收益/元	27 000 000	27 000 000	27 000 000
中间收购商收益/元	0	22 726	1 581 747.6
中间收购商成本（运输+劳动力)/元	0	794 624	6 418 252.4
秸秆收集量/吨	0	33 021	242 400

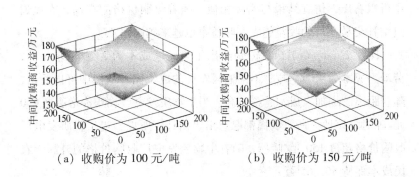

（a）收购价为 100 元/吨　　　（b）收购价为 150 元/吨

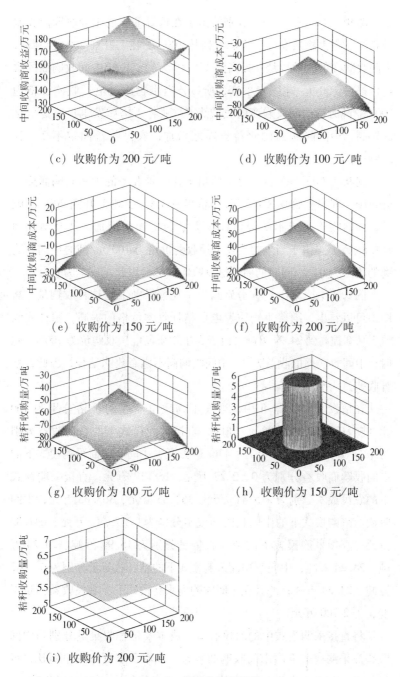

（c）收购价为 200 元/吨　　　　　　（d）收购价为 100 元/吨

（e）收购价为 150 元/吨　　　　　　（f）收购价为 200 元/吨

（g）收购价为 100 元/吨　　　　　　（h）收购价为 150 元/吨

（i）收购价为 200 元/吨

图 9.3　情景Ⅱ仿真结果

图 9.3（a）（b）（c）分别给出了在情景Ⅱ下的中间收购商收益分布图。当生物质发电厂收购价格从 100 元/吨上升到 200 元/吨后，中间收购商的收益也从 0 提高到 158.17 万元。由于中间收购商的收购价格为 100 元/吨固定不变，所以，当生物质发电厂收购价格为 100 元/吨时，中间收购商的收益为 0。随着生物质发电厂收购价格的提高，中间收购商的收益也随之增加；农民收益固定不变，为 2 700 万元。

图 9.3（d）（e）（f）分别给出了在情景Ⅱ下的中间收购商成本分布图。即当生物质发电厂收购价格从 100 元/吨上升到 200 元/吨后，中间收购商成本随着秸秆收集量的增加而增加，从 0 增加到 641.83 万元。由于当生物质发电厂收购价格为 100 元/吨时中间收购商的收益为 0，中间收购商不愿意收购秸秆，因此，成本为 0。

图 9.3（g）（h）（i）分别给出了在情景Ⅱ下的秸秆收购量。从图中可以看出，随着生物质发电厂秸秆收购价格的提高，秸秆收购量也从 0 提高到 24.24 万吨。由于当生物质发电厂收购价为 100 元/吨时，中间收购商的收益为 0，中间收购商不愿意收购秸秆，因此，秸秆收购量为 0。

在情景Ⅰ与情景Ⅱ中，当发生物质电厂收购价格分别为 100 元/吨、150 元/吨、200 元/吨时，直接采购模式下的农民收益分别为 48.4 万元、236.35 万元、436.35 万元，中间收购商采购模式下的中间收购商收益分别为 0、2.27 万元、158.17 万元；直接采购模式下的农民成本分别为 215.41 万元、363.65 万元、363.65 万元，中间收购商采购模式下的中间收购商成本分别为 0、79.46 万元、641.83 万元；直接采购模式下的秸秆收集量分别为 15.99 万吨、24.24 万吨、24.24 万吨，中间收购商采购模式下的秸秆收集量分别为 0、3.3 万吨、24.24 万吨；并且在中间收购商采购模式下，农民收益固定不变，为 2 700 万元。

将直接采购模式中的农民收益、成本及秸秆收集量分别与中间收购商采购模式下的中间收购商收益、成本及秸秆收集量对比，可以得出：农民为获取更高收益，更愿意将秸秆出售给中间收购商；

但是，由于中间收购商在无补贴的情况下，在生物质发电厂现有的收购价格下无法获得足够利益以维持企业运营，导致秸秆收集量不足。因此，为保证能够收集足够的秸秆，政府应该对生物质原料中间收购商进行补贴。

9.3.4　情景Ⅲ仿真分析

在采购模式下，为研究中间收购商间接补偿对秸秆收购量的影响，在生物质原料中间收购商对农民的收购价为 100 元/吨，其中政府对中间收购商每吨补贴 50 元，生物质发电厂对中间收购商的收购价格分别为 100 元/吨、150 元/吨、200 元/吨的情况下，中间收购商收益、成本以及秸秆收集量如表 9.3 和图 9.4 所示。

表 9.3　情景Ⅲ下中间收购商收益、成本及秸秆收集量

	100 元/吨	150 元/吨	200 元/吨
农民收益/元	27 000 000	27 000 000	27 000 000
中间收购商收益/元	22 726	1 581 747.6	3 581 747.6
中间收购商成本/元	522 174	4 418 252.4	4 418 252.4
秸秆收集量/吨	33 021	242 400	242 400

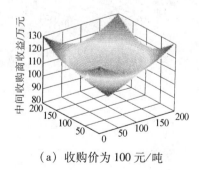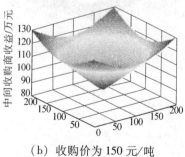

　　（a）收购价为 100 元/吨　　　　（b）收购价为 150 元/吨

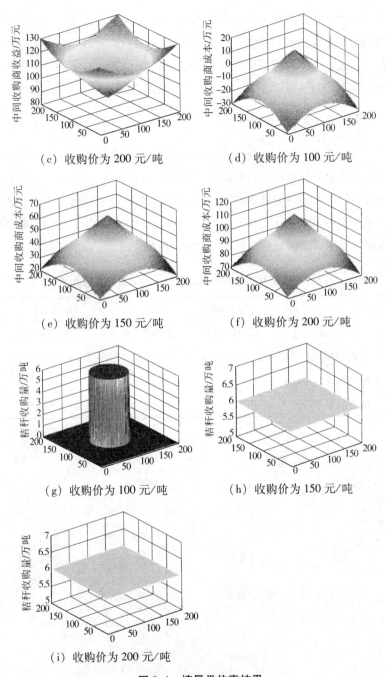

（c）收购价为 200 元/吨　　　　　（d）收购价为 100 元/吨

（e）收购价为 150 元/吨　　　　　（f）收购价为 200 元/吨

（g）收购价为 100 元/吨　　　　　（h）收购价为 150 元/吨

（i）收购价为 200 元/吨

图 9.4　情景Ⅲ仿真结果

图 9.4（a）（b）（c）分别给出了在情景Ⅲ下的中间收购商收益分布图。当生物质发电厂秸秆收购价格从 100 元/吨依次增加到 150 元/吨、200 元/吨后，中间收购商的收益随着生物质发电厂收购价格的上升而增加，从 2.27 万元依次增加到 158.17 万元、358.17 万元；农民收益固定不变，为 2 700 万元。

图 9.4（d）（e）（f）分别给出了在情景Ⅲ下的中间收购商收购成本分布图。当生物质发电厂秸秆收购价格从 100 元/吨增加到 150 元/吨后，中间收购商收购成本从 52.22 万元增加到 441.83 万元，并且随着生物质发电厂收购价格的增加，成本保持不变。

图 9.4（g）（h）（i）分别给出了在情景Ⅲ下的秸秆收购量分布图。随着生物质发电厂秸秆收购价格从 100 元/吨增加到 150 元/吨后，秸秆收购量从 3.3 万吨增加到 24.24 万吨，收购该地区全部秸秆。

与情景Ⅱ相比，在情景Ⅲ中，随着政府对生物质原料中间收购商进行补贴，在生物质发电厂收购价格分别为 100 元/吨、150 元/吨、200 元/吨时，在情景Ⅱ下的秸秆收购量分别为 0、3.3 吨、24.24 吨，情景Ⅲ下的秸秆收购量分别为 3.3 吨、24.24 吨、24.24 吨。中间收购商的收益也分别由情景Ⅱ中的 0、2.27 万元、158.17 万元变为情景Ⅲ中的 2.27 万元、158.17 万元、358.17 万元。在政府对中间收购商进行补贴的情境下，中间收购商的收益增加，秸秆收购量也随之增加。由此可以看出，秸秆收购量在生物质发电厂收购价格为 150 元/吨的价格下，就能将该地区秸秆全部收购。

9.4　本章小结

本章主要对间接补偿机制下农业生物质能秸秆收集量进行研究。从不同采购模式和有无补偿的角度进行仿真设计，研究发现：①在直接采购模式中，当生物质发电厂收购价格分别为 100 元/吨、150 元/吨、200 元/吨时，秸秆收购量分别为 15.99 万吨、24.24 万吨、24.24 万吨；②在中间收购商采购模式中，政府无补偿，中间收

购商的收购价格为 100 元/吨，当生物质发电厂收购价格分别为 100
元/吨、150 元/吨、200 元/吨时，秸秆收购量分别为 0、3.3 万吨、
24.24 万吨；③在中间收购商采购模式中，中间收购商的收购价格为
100 元/吨，其中政府每吨补偿 50 元，当生物质发电厂收购价格分别
为 100 元/吨、150 元/吨、200 元/吨时，秸秆收购量分别为 3.3 万
吨、24.24 万吨、24.24 万吨。将三种模式进行对比可以发现，农民
为获取更大的收益，更愿意将秸秆出售给中间收购商；中间收购商
为获得更大利益以维持企业运营发展，将会与生物质发电厂进行博
弈以获取更高收益；生物质发电厂为维持运营，将会选择与中间收
购商进行博弈，以收集足够生物质原料；政府为取得更大社会效益，
将会对中间收购商进行补贴，以促进生物质能的发展。

10 结论与建议

近年来，虽然我国经济发展进入新常态，对能源需求有所下降，短期内能源需求压力有所缓解，但从长期来看，随着化石能源的日渐枯竭，我国仍存在严峻的能源安全问题。生物质能的开发利用不仅能够缓解能源危机，而且能够有效解决由化石能源消费所引起的环境问题。我国作为农业大国，农作物秸秆资源丰富。农作物秸秆具有低成本、易获取等特点，已经成为发展生物燃料的主要原料之一。与此同时，合理的秸秆还田能够有效地防止水土流失、增强土壤有机质含量。由此可见，农作物秸秆具有非常可观的能源效益和环境效益。

为有效评估我国可能源化秸秆资源的技术经济生态总量，本书从环境角度和秸秆能源化项目入手，以秸秆资源密度和区域可利用秸秆生态总量为纽带，对最终可能源化秸秆的技术经济生态总量进行评价研究。从内容上来看，主要分为两大部分：

第一部分，可利用秸秆资源生态总量和各区域秸秆资源密度计算。首先，从防止水土流失、增强土壤有机质和农作物长期产量角度，提出了土壤生态最小保留量的概念；并采用文献调研和情景设计法，设计了三种土壤生态最小保留量情景。其次，在已有样本数据的基础上，采用灰色神经网络、线性回归等方法，对未来各区域农作物单位面积产量、农作物播种面积、农作物种植结构等进行预测，并对不同农作物秸秆的工业占比、农业占比和农村生活占比进行设计。最后，结合土壤生态最小保留量、各区域农业发展现状和农作物秸秆用途，计算出不同土壤生态最小保留量情景下可利用秸秆资源的生态总量和各区域秸秆资源密度。

第二部分，秸秆能源化项目技术经济性评价和可利用秸秆资源技术经济生态总量分析。首先，通过文献调研的方法，对主流秸秆能源化项目的相关参数进行设计，并从项目投资回报率、技术水平和政策激励强度三个角度设计了12种不同的发展情景，同时结合第一部分的区域秸秆资源密度，对不同秸秆能源化项目在不同区域的最大经济收集半径进行计算；其次，根据最大经济收集半径和区域秸秆资源密度，计算出不同项目收益水平、技术水平和政策激励强度下秸秆能源化项目可利用秸秆的技术经济收集量，并与项目秸秆理论需求量进行比较；最后，根据秸秆能源化项目技术经济收集量和秸秆理论需求量的比较结果，结合各区域可利用秸秆资源的生态总量，整理出不同秸秆能源化项目最终可利用秸秆资源的技术经济生态总量。研究发现：

（1）在可利用秸秆资源生态总量和秸秆资源密度方面，低土壤生态最小保留量、中土壤生态最小保留量和高土壤生态保留量的情景下，2030年最终可能源化秸秆资源的生态总量分别为22 795.79万吨、13 718万吨和7 756万吨，平均秸秆资源密度分别为172吨/平方千米、103吨/平方千米和58吨/平方千米；此外，三种保留情景中可利用秸秆资源均主要分布在河南、山东、黑龙江、四川等地。与此同时，随着时间的推移，可利用秸秆资源会在空间上发生转移，主要向东北省份和新疆等地转移，而东部沿海省市可利用秸秆资源不断减少。

（2）在低土壤生态最小保留量和情景Ⅱ下，纤维素乙醇项目的可能源化秸秆的技术经济生态总量为0。当项目投资回报率为0时，发电类项目和年产1万吨燃料成型项目最终可利用秸秆技术经济生态总量均为22 795.79万吨，而年产5 000吨燃料成型项目为1 762.62万吨。从不同项目最终可能源化秸秆资源来源来看，发电类项目和年产1万吨燃料成型项目均主要来自河南、山东、黑龙江、四川等地，而年产5 000吨燃料成型项目仅来自重庆、贵州、甘肃和青海四省市。此外，随着项目投资回报率的提高，其对6兆瓦直燃发电项目和年产5 000吨燃料成型项目最终可利用秸秆资源的技术经济生态总量有着较大的影响；当年投资回报率为10%时，两项目可利用秸秆资源均为 0。

（3）在中土壤生态最小保留量和情景Ⅱ下，纤维素乙醇项目仍不具有经济性。当年投资回报率为 0 时，发电类项目和年产 1 万吨燃料成型项目可利用秸秆总量均为 13 717.95 万吨，而年产 5 000 吨燃料成型项目可利用秸秆总量为 2 837.25 万吨，主要分布在四川、重庆、甘肃、贵州、内蒙古等地。与此同时，随着年投资回报率的增加，发电类项目和年产 5 000 吨燃料成型项目的可利用秸秆资源会急剧收缩，当年投资回报率为 10% 时，6 兆瓦、25 兆瓦直燃发电项目和 12 兆瓦气化发电项目可利用秸秆资源总量分别为 961.17 万吨、6 075.7 万吨和 6 898.9 万吨，而年产 5 000 吨燃料成型项目可利用秸秆量为 0。

（4）在高土壤生态最小保留量和情景Ⅱ下，纤维素乙醇项目在四种投资回报率下可利用秸秆资源量仍为 0。当年投资回报率为 0 时，发电类项目和年产 1 万吨燃料成型项目可利用秸秆资源总量分别为 7 753.04 万吨、7 754.42 万吨、7 754.42 万吨和 7 756.19 万吨，其可利用秸秆主要分布于广东、山东、江西和重庆等地；而年产 5 000 吨燃料成型项目可利用秸秆资源总量仍为 2 189.89 吨。与此同时，投资收益率的提高对项目可利用秸秆资源仍具有较大的影响。

此外，本书从直接补偿机制和间接补偿机制两方面入手，以生物质能生态补偿仿真平台为纽带，对直接补偿机制和间接补偿机制下的生物质能可开发量进行研究。研究发现：

（1）在直接补偿方式下，①在不考虑农民行为异质性，政府补贴为 30 元，运输成本为 5 元/千米·吨，原料价格分别为 100 元/吨、150 元/吨、200 元/吨的情境下，生物质能秸秆收购量分别为 51.37 万吨、82.82 万吨和 87.11 万吨；当运输成本为 8 元/千米·吨时，生物质能秸秆收购量分别为 20.11 万吨、38.43 万吨和 62.82 万吨；②在考虑农民行为异质性，政府补贴为 30 元/吨，运输成本为 5 元/千米·吨，原料价格分别为 100 元/吨、150 元/吨、200 元/吨的情境下，生物质能秸秆收购量分别为 2.05 万吨、6.88 万吨和 15.15 万吨；当运输成本为 8 元/千米·吨时，生物质能秸秆收购量分别为 0.79 万吨、2.81 万吨和 6.12 万吨。

（2）在间接补偿方式下，①在直接采购模式中，当生物质发电厂收购价格分别为 100 元/吨、150 元/吨、200 元/吨时，秸秆收购量分别为 15.99 万吨、24.24 万吨、24.24 万吨；②在中间收购商采购模式中，政府无补偿，中间收购商收购价格为 100 元/吨，当生物质发电厂收购价格分别为 100 元/吨、150 元/吨、200 元/吨时，秸秆收购量分别为 0、3.3 万吨、24.24 万吨；③在中间收购商采购模式中，中间收购商收购价格为 100 元/吨，其中政府每吨补偿 50 元时，当生物质发电厂收购价格分别为 100 元/吨、150 元/吨、200 元/吨时，秸秆收购量分别为 3.3 万吨、24.24 万吨、24.24 万吨。

通过上述的研究，为促进我国秸秆能源化产业的发展，提出以下建议：

（1）在农作物秸秆开发方面，可优先考虑河南、黑龙江、新疆、山东等地。在构建区域农作物秸秆集散基地、农业生物质能开发利用产业基地、大型秸秆直燃发电基地等大型综合农业生物质能开发项目时，可以优先考虑东北和华中区域。此外，可以通过农作物种植结构调整、提高农业管理水平等措施，进一步提高西南、西北地区主要农作物最终可利用生物质能潜力。

（2）在直接补偿机制的设计中，考虑农民行为异质性，能更加准确地计算生物质原料收购量，进而有利于确定合理的生物质发电厂规模。在考虑农民行为异质性，政府对农民每吨补贴 30 元的条件下，生物质发电厂最多可收取 15.15 万吨秸秆。

（3）在间接补偿机制的设计中，采用中间收购商收购模式，政府对中间收购商进行补贴的方式可达到有效秸秆收集量，当生物质发电厂秸秆收购价格为 150 元/吨，中间收购商秸秆收购价格为 50 元/吨，政府对中间收购商每吨补贴 50 元时，可收取当地全部秸秆 24.24 万吨。

（4）在政策方面，现有政策对发电类项目有显著的激励作用，可适当减小对年产 1 万吨燃料成型项目的补贴力度，加大发电类项目的补贴力度，并降低政策激励门槛；在生物质能产业布局方面，现阶段可优先发展年产 1 万吨秸秆燃料成型项目，其次考虑规划建设 25 兆瓦秸秆直燃发电项目和 12 兆瓦秸秆气化发电项目，最后考虑规划建设 6 兆瓦秸秆直燃发电项目和年产 5 000 吨燃料成型项目。

参考文献

AKLESSO E M, SCOTT M S, IZAURRALDEC R C, et al., 2013. Maintaining environmental quality while expanding biomass production: Subregional U. S. policy simulations [J]. Energy Policy, 57 (6): 518-531.

AMADOU A T, JEAN L R, ZIBO G, et al., 2011. Impact of very low crop residues cover on wind erosion in the Sahel [J]. Catena, 85 (3): 205-214.

ANNA BERGEK, STAFFAN JACOBSSON, 2010. Are tradable green certificates a cost-efficient policy driving technical change or a rent-generating machine? Lessons from Sweden 2003—2008 [J]. Energy Policy, 38: 1255-1271.

DONG C G, 2012. Feed-in tariff vs. renewable portfolio standard: An empirical test of their relative effectiveness in promoting wind capacitydevelopment [J]. Energy Policy, 42: 476-485.

CHANDRA V V, SARAH L H, 2015. A biomass energy flow chart for Fiji [J]. Biomass & Bioenergy, 72 (1): 117-122.

CHANDRA V, SARAH L H, 2015. A biomass energy flow chart for Fiji [J]. Biomass and Bioenergy, 72 (1): 117-122.

CHRISTIAN F, THOMAS G, KARIM C A, 2012, et al. Regionalization of a large-scale crop growth model for sub-Saharan Africa: Model setup, evaluation, and estimation of maize yields [J]. Agriculture, Ecosystems & Environment, 151 (4): 21-33.

DASSANAYAKE G D M, AMIT K, 2012. Techno-economic assessment of triticale straw for power generation [J]. Applied Energy, 98 (10): 236-245.

FINN ROAR AUNE, HANNE MARI TDALEN, CATHRINE HAGEM,

2012. Implementing the EU renewable target through green certificate-markets [J]. Energy Economics, 34: 992-1000.

GRAHAM R L, NELSON R, SHEEHAN J, et al. Current and Potential U. S. Corn Stover Supplies [J]. Agronomy Journal, 2007, 99 (1): 1-11.

GRAHAM R L, NELSON R, SHEEHAN J, et al. Current and Potential U. S. Corn Stover Supplies [J]. Agronomy Journal, 2007, 99 (1): 1-11.

IDOWU O J, VANES H M, ABAWI G S, et al. Use of an integrative soil health test for evaluation of soil management impacts [J]. Renewable Agric. Food Syst., 2009, 24 (3): 214 - 224.

IRA A, JASON B, DWIGHT S, et al., 2015. Willingness to supply biomass forbioenergyproduction: A random parameter truncated analysis [J]. Energy Economics, 47 (2): 1-10.

JEAN-MICHEL CAYLA, NADIA MAÏZI, 2015. Integrating household behavior and heterogeneity into the TIMES-Households model [J]. Applied Energy, 139: 56-67.

JIAN SUNA, ZHILIANG DANG, SHAOKUI ZHENG, 2017. Development of payment standards for ecosystem services in the largestinterbasin-water transfer projects in theworld [J]. Agricultural WaterManagement, 182: 158-164.

JIE HE, ANPING HUANG, LUODAN XU, 2015. Spatial heterogeneity andtransboundarypollution: A contingent valuation (CV) study on theXijiangRiver drainage basin in southChina [J]. China EconomicReview, 35: 101-130.

JINGCHUN S, JIANHUA C, YOUMIN X, et al., 2011. Mapping the cost risk of agricultural residue supply for energy application in rural China [J]. Journal of Cleaner Production, 19 (1): 121-128.

JOHNSON J M F, PAPIERNIK, et al, 2009. Advances in soil science: Soil quality and biofuel production [M]. Boca Raton: CRC Press: 1-44.

JORRIT G, 2015. Biopower from direct firing of crop and forestry residues in China: A review of developments and investment outlook [J]. Biomass andBioenergy, 73 (2): 110-123.

KARLEN D L, TOMER M D, NEPPEL J, et al., 2008. A preliminary watershed scale soil quality assessment in north central Iowa, USA [J]. Soil Tillage Research, 99 (2): 291-299.

LARSON W E, 1979. Crop residues: energy production or control?. In: Effects of Tillage and Crop Residue Removal on Erosion, Runoff, and Plant Nutrients Soil Conservation Society of America Special Publication, 25: 4-6.

LIN JINCHAI, ZHU KAIWEI, LIU ZHEN, et al., 2019. Study on A Simple Model to Forecast the Electricity Demand under China's New Normal Situation [J]. Energies, 12 (11): 0-2220.

LI-QUN J, 2015. An assessment of agricultural residue resources for liquid bio-fuel production in China [J]. Renewable and Sustainable Energy Reviews, 44 (4): 561-575.

LORI BIRD, CAROLINE CHAPMAN, JEFF LOGAN, et al, 2011. Evaluating renewable portfolio standards and carbon cap scenarios in the U. S. electric sector [J]. Energy Policy, 39 (5): 2573-2585.

M S REED, K ALLEN, A ATTLEE, et al., 2017. A place-based approach to payments for ecosystemservices [J]. Global Environmental Change, 43: 92-106.

MARIE FERRéA, STEFANIE ENGEL, ELISABETH GSOTTBAUER, 2018. Which Agglomeration Payment for a Sustainable Management of Organic Soils in Switzerland? - An Experiment Accounting for Farmers' CostHeterogeneity [J]. EcologicalEconomics, 150: 24-33.

ME'SZA'ROSMA'TYA'S TAMA'S, S O BADE SHRESTH, HUIZHONG ZHOU, 2010. Feed-in tariff and tradable green certificate inoligopoly [J]. Energy Policy, 38: 4040-4047.

MONIQUE H, ANDRÉ F, BERT D V, et al., 2009. Exploration of regional and global cost-supply curves of biomass energy from short-rotation crops at abandoned cropland and rest land under four IPCC SRES land-use scenarios [J]. Biomass & Bio-energy, 33 (1): 26-43.

NELSON R G., WALSH M E, SHEEHAN J J, et al., 2004. Methodology for eatimating removable quantities of agricultural residues for bioenergy and bioproduct use [J]. Applicable Biochemistry Biotechnology, 113 (1): 13-26.

NELSON R G., 2002. Resource assessment and removal analysis for corn stover and wheat straw in the Eastern and Midwestern United States: rainfall and wind-induced soil erosion methodology [J]. Biomass Bioenergy, 22 (5): 349-363.

NICLAS SCOTT BENTSEN, CLAUS FELBY, BO JELLESMARK THORSEN, 2014. Agricultural residue production and potentials for energy and materials services [J]. Progress in Energy and Combustion Science, 40 (2): 59-73.

NOORDWIJK M, CHANDLER F, TOMICH T P, 2005. AnIntroduction to the Conceptual Basisofrupes [R]. No. 42ICRAF Working Paper.

OVEREND R P, 1982. The average haul distance and transportation work factors for biomass delivered to a central plant [J]. Biomass, 2 (1): 75-79.

PENG SUN, PU YANNIE, 2015. A comparative study of feed-in tariff and renewable portfolio standard policy in renewable energyndustry [J]. Renewable Energy, 74: 255-262.

POWERS S E, J C ASCOUGH, R G NELSONC, et al., 2011. Modeling water and soil quality environmental impacts associated with bioenergy crop production and biomass removal in the Midwest USA [J]. Ecological Modelling, 222 (14): 2430-2447.

RAJESH K, ARUN A, 2013. Renewable Energy Certificate and Perform, Achieve, Trade mechanisms to enhance the energy security for India [J]. Energy Policy, 55 (4): 669-676.

REBECCA A KELLY, ANTHONY J JAKEMAN, OLIVIER BARRETEAU, et al., 2013. Selecting among five common modeling approaches for integrated environmental assessment and management [J]. Environmental Modelling & Software, 47 (9): 159-181.

RONALDO SEROADA MOTTA, RAMON ARIGONI ORTIZ, 2018. Costs

and Perceptions Conditioning Willingness to Accept Payments for Ecosystem Services in a Brazilian Case [J]. Ecological Economics, 147: 333-342.

ROY P, KEN T, TAKAHIRO O, et al., 2012. A techno-economic and environmental evaluation of the life cycle of bio-ethanol produced from rice straw by RT-CaCCO process [J]. Biomass and Bio-energy, 37 (2): 188-195.

SCHMITT L K, 2009. Developing and applying a soil erosion model in a data-poor context to an island in the rural Philippines [J]. Environmental Development Substantial, 11 (1): 19-42.

SEBASTIAN ARNHOLD, STEVE LINDNER, BORA LEE, et al., 2014. Conventional and organic farming: Soil erosion and conservation potential for row crop cultivation [J]. Geoderma, 219 (5): 89-105.

STEPHEN J D, SOKHANSANJ S X BI, et al., 2010. The impact of agricultural residue yield range on the delivered cost to a bio-refinery in the Peace River region of Alberta, Canada [J]. Bio-systems Engineering, 105 (3): 298-305.

STEVEN M, VINCENT D, WARREN E MABEE, 2013. Determiningappropriate feed-in tariff rates to promote biomass-to-electricity generation inEsternOntario, Canada [J]. Energy Policy, 63 (12): 607-613.

SUSANNE P, THOMAS L, 2010. Farmersattitudes about growing energy-crops: Achoice experiment approach [J]. Biomass and Bioenergy, 34 (12): 1770-1779.

TAE-HYEONG K, 2015. Rent and rent-seeking in renewable energy support policies: Feed-in tariff vs. renewable portfolio standard [J]. Renewable and Sustainable Energy Reviews, 44 (4): 676-681.

THU-HA DANG DHAN, ROY BROUWER, LONG HOANG, et al., 2017. A comparative study of transaction costs of payments for forest ecosystem services inVietnam [J]. Forest Policy and Economics, 80: 141-149.

WAGNER L E, TATARKO J, 2001. Demonstration of the WEP 1.0 wind erosion model [R]. Honolulu: Proceedings of the Soil Erosion Research for the 21st Century.

WANG X, P W GASSMAN, J R WILLIAMS, et al., 2008. Modeling the impacts of soil management practices on runoff, sediment yield, maize productivity, and soil organic carbon using APEX [J]. Soil and Tillage Research, 101 (1-2): 78-88.

WENPING SHENG, LIN ZHEN, GAODI XIE, et al., 2017. Determining eco-compensation standards based on the ecosystem services value of the mountain ecological forests in Beijing, China [J]. Ecosystem Services, 26: 422-430.

WILHELM W W, HESS, et al., 2010. Balancing limiting factors and economic drivers for sustainable Midwestern agricultural residue feedstock supplies [J]. India Biotechnology, 6 (5): 271-287.

WUNDER S, 2005. Paymentsfor environmentalservices: somenuts and bolts. CIFOR, OccainalPaper, 42: 13-14.

YANG G Z, ZHOU X B, LI C F, et al., 2013. Cotton stubble mulching helps in the yield improvement of subsequent winter canola (Brassica napus L.) crop [J]. Industrial Crops and Products, 50 (10): 190-196.

YI CHENG FU, JIAN ZHANG, CHUNLING ZHANG, et al., 2018. Payments for Ecosystem Services for watershed water resource allocations [J]. Journal of Hydrology, 556: 689-700.

ZHENGXI T, SHUGUANG L, NORMAN B, et al., 2012. Current and potential sustainable corn Stover feedstock for biofuel production in the United States [J]. Biomass and Bioenergy, 47 (12): 372-386.

ZHU KAIWEI, LIU ZHEN, TAN XIANCHUN, et al., 2018. Study on the ecological potential of Chinese straw resources available for bioenergy producing based on soil protection functions [J]. Biomass and Bioenergy, 116: 26-38.

ZOBECK T M, HALVORSON A D, WIENHOLD B, et al., 2008. Comparison of two soil quality indexes to evaluate cropping systems in northern Colorado [J]. Journal of Soil Water Conserv, 63 (5): 329-338.

包建财，郁继华，冯致，等，2014. 西部七省区作物秸秆资源分布及利用现状 [J]. 应用生态学报，25（1）：181-187.

蔡荣，王舒娟，2014. 农民秸秆资源处置行为的经济学分析 [J]. 中国人口·资源与环境（8）：162-167.

蔡亚庆，仇焕广，徐志刚，2011. 中国各区域秸秆资源可能源化利用的潜力分析 [J]. 自然资源学报，26（10）：1637-1646.

曹兰芳，尹少华，曾玉林，等，2017. 资源异质性农民林业生产投入决策行为及差异研究：以湖南省为例 [J]. 中南林业科技大学学报（12）：174-179.

陈丽欢，李毅念，丁为民，等，2012. 基于作业成本法的秸秆直燃发电物流成本分析 [J]. 农业工程学报，28（4）：199-203.

陈涛，王广胜，闫建英，1996. 机械化秸秆粉碎直接还田技术及其效益 [J]. 干旱地区农业研究（1）：49-54.

陈莹，马佳，2017. 太湖流域双向生态补偿支付意愿及影响因素研究：以上游宜兴、湖州和下游苏州市为例 [J]. 华中农业大学学报（1）：16-22.

陈源泉，高旺盛，2007. 基于生态经济学理论与方法的生态补偿量化研究 [J]. 系统工程理论与实践（4）：165-170.

程磊磊，尹昌斌，胡万里，等，2010. 云南省洱海北部地区农田面源污染现状及控制的补偿政策 [J]. 农业现代化研究，31（4）：471-474.

崔和瑞，艾宁，2010. 秸秆气化发电系统的生命周期评价研究. 技术经济，29（11）：70-74.

方放，李想，石祖梁，等，2015. 黄淮海地区农作物秸秆资源分布及利用结构分析 [J]. 农业工程学报，31（2）：228-234.

房劲，蒲刚清，刘贞，2016. 低碳示范城市情景仿真模型研究 [J]. 重庆理工大学学报（自然科学），30（9）：66-72.

高虎，樊京春，2010. 中国可再生能源发电经济性和经济总量 [M]. 北京：中国环境科学出版社.

宫亮，孙文涛，王聪翔，等，2008. 玉米秸秆还田对土壤肥力的影响 [J]. 玉米科学，16（2）：122-124.

郭炜煜，赵新刚，冯霞，2016. 固定电价与可再生能源配额制：基于中国电力市场的比较［J］. 中国科技论坛 (9): 90-97.

韩新忠, 朱利群, 杨敏芳, 等, 2012. 不同小麦秸秆还田对水稻生长、土壤微生物生物量及酶活性的影响［J］. 农业环境科学学报, 31 (11): 2192-2199.

侯彩霞, 周立华, 文岩, 等, 2018. 生态政策下草原社会-生态系统恢复力评价: 以宁夏盐池县为例［J］. 中国人口·资源与环境 (8): 117-126.

《环境科学大辞典》编委会, 2008. 环境科学大辞典［M］. 北京: 中国环境科学出版社: 326.

黄季焜, 仇焕广, 2010. 我国生物燃料乙醇发展的社会经济影响及发展战略与对策研究［M］. 北京: 科学出版社.

康小兰, 朱述斌, 刘滨, 2014. 林改政策对不同资源禀赋林农的营林造林行为影响与作用机理研究: 以江西省为例［J］. 林业经济问题 (1): 31-37.

李成芳, 寇志奎, 张枝盛, 等, 2011. 秸秆还田对免耕稻田温室气体排放及土壤有机碳固定的影响［J］. 农业环境科学学报, 30 (11): 2362-2367.

李虹, 董亮, 段红霞, 2011. 中国可再生能源发展综合评价与结构优化研究［J］. 资源科学, 33 (3): 431-440.

李玮, 乔玉强, 陈欢, 等, 2014. 秸秆还田和施肥对砂姜黑土理化性质及小麦-玉米产量的影响［J］. 生态学报 (17): 5052-5061.

李颖, 葛颜祥, 刘爱华, 等, 2014. 基于粮食作物碳汇功能的农业生态补偿机制研究［J］. 农业经济问题 (10): 33-40.

李在峰, 杨数华, 王志伟, 等, 2013. 秸秆成型燃料生产设备系统及经济性分析［J］. 可再生能源, 31 (5): 120-123.

刘华军, 闫庆悦, 秦阳, 2011. 中国生物质能发电定价机制与模式研究［J］. 中国科技论坛 (9): 121-127.

刘瑞丰, 刘维刚, 张雯, 等, 2014. 基于配额制的西北可再生能源跨区跨省电力交易经济性评价［J］. 电网与清洁能源 (1): 59-63.

刘义国, 刘永红, 刘洪军, 等, 2013. 秸秆还田量对土壤理化性状及小麦产量的影响［J］. 中国农学通报, 29 (3): 131-135.

刘义国，刘永红，刘洪军，等，2013. 秸秆还田量对土壤理化性状及小麦产量的影响 [J]. 中国农学通报，29（3）：131-135.

刘玉卿，张华兵，2018. 基于条件估值法（CVM）的湿地周边农民受偿意愿及影响因素研究：以江苏盐城珍禽自然保护区为例 [J]. 生态与农村环境学报（11）：982-987.

刘贞，DAVID FRIDLEY，2014. 考虑维护土壤功能的玉米秸秆能源开发潜力模拟 [J]. 农业工程学报，30（14）：236-243.

刘贞，吕指臣，朱开伟，等，2015. 基于维护土壤功能的大豆秸秆生物质能开发潜力分析：以黑龙江省为例 [J]. 重庆理工大学学报（社会科学）（1）：30-36.

刘贞，白璐，孙振清，等，2019. 竞争市场中碳排放权的分配及其仿真研究：基于企业主体行为的博弈分析 [J]. 生态经济，35（8）：35-39，74.

刘贞，郭珍珠，贺良萍，2017. 基于调峰电价机制的商业用电优化研究 [J]. 重庆理工大学学报（社会科学），31（4）：45-50.

刘贞，贺良萍，朱开伟，等，2016. 电价补偿对生物质发电厂经营发展的影响 [J]. 重庆理工大学学报（社会科学），30（10）：39-46，92.

刘贞，徐德会，朱开伟，等，2017. 基于行为异质性的农业生物质能仿真平台研究 [J]. 系统仿真学报，29（10）：2397-2406.

刘贞，朱开伟，贲可蒙，等，2015. 基于 IOSLAB 的可再生能源发电投资个人支付意愿选择实验研究 [J]. 电力建设，36（12）：131-136.

逯非，王效科，韩冰，等，2010. 稻田秸秆还田：土壤固碳与甲烷增排 [J]. 应用生态学报，21（1）：99-108.

吕杰，王志刚，郗凤明，2015. 基于农民视角的秸秆处置行为实证分析：以辽宁省为例 [J]. 农业技术经济，34（4）：69-77.

马爱慧，蔡银莺，张安录，2012. 基于选择实验法的耕地生态补偿额度测算 [J]. 自然资源学报（7）：1154-1163.

毛显强，钟瑜，张胜，2002. 生态补偿的理论探讨 [J]. 中国人口·资源与环境，12（4）：40-43.

孟庆英，张春峰，张娣，等，2015. 秸秆还田方式对土壤酶及大豆产

量的影响 [J]. 土壤通报, 46 (3): 642-647.

米锋, 潘文婧, 陈凯, 2013. 内蒙古通辽地区农业生物质资源开发利用及其经济效益分析 [J]. 干旱区资源与环境, 27 (9): 44-49.

米锋, 谭曾, 豪迪, 等, 2015. 我国森林生态安全评价及其差异化分析 [J]. 林业科学 (7): 107.

牟文雅, 贾艺凡, 陈小云, 等, 2017. 玉米秸秆还田对土壤线虫数量动态与群落结构的影响 [J/OL]. 生态学报 (3). http://www.cnki.net/kcms/detail/11.2031. Q. 20160614.1000.026. html.

皮泓漪, 张萌雪, 夏建新, 2018. 基于农民受偿意愿的退耕还林生态补偿研究 [J]. 生态与农村环境学报 (10): 903-909.

蒲刚清, 刘贞, 汪毅霖, 2017. 生态因素下森林生物质动态潜力研究 [J]. 重庆理工大学学报 (社会科学), 31 (10): 51-59.

齐天宇, 张希良, 欧训民, 等, 2011. 我国生物质直燃发电区域成本及发展潜力分析 [J]. 可再生能源, 29 (2): 115-118, 124.

强学彩, 袁红莉, 高旺盛, 2004. 秸秆还田量对土壤 CO_2 释放和土壤微生物量的影响 [J]. 应用生态学报, 15 (3): 469-472.

任平, 吴涛, 周介铭, 2014. 耕地资源非农化价值损失评价模型与补偿机制研究 [J]. 中国农业科学, 47 (4): 786-795.

史恒通, 赵敏娟, 2016. 生态系统服务功能偏好异质性研究: 基于渭河流域水资源支付意愿的分析 [J]. 干旱区资源与环境 (8): 36-40.

宋安东, 任天宝, 张百良, 2010. 玉米秸秆生产燃料乙醇的经济性分析 [J]. 农业工程学报, 26 (6): 283-286.

孙星, 刘勤, 王德建, 等, 2007. 长期秸秆还田对土壤肥力质量的影响 [J]. 土壤, 39 (5): 782-786.

孙星, 刘勤, 王德建, 等, 2007. 长期秸秆还田对土壤肥力质量的影响 [J]. 土壤, 39 (5): 782-786.

唐秀美, 郝星耀, 刘玉, 等, 2016. 生态系统服务价值驱动因素与空间异质性分析 [J]. 农业机械学报 (5): 336-342.

田美荣, 高吉喜, 陈雅琳, 2014. 基于化石能源资产流转的生态补偿核算研究 [J]. 资源科学, 36 (3): 549-556.

田宜水, 赵立欣, 孟海波, 等, 2011. 中国农村生物质能利用技术和

经济评价 [J]. 农业工程学报, 27 (1): 1-5.

王爱玲, 高旺盛, 洪春梅, 2003. 华北灌溉区秸秆焚烧与直接还田生态效应研究 [J]. 中国生态农业学报, 11 (1): 142-144.

王胜, 吕指臣, 刘贞, 等, 2016. 基于 ECM 模型和库兹涅茨曲线的区域能源消费峰值研究: 以重庆市为例 [J]. 重庆理工大学学报 (社会科学), 30 (1): 37-45.

王舒娟, 张兵, 2012. 农民出售秸秆决策行为研究: 基于江苏省农民数据 [J]. 农业经济问题 (月刊), 33 (6): 90-96, 112.

王双磊, 李金埔, 赵洪亮, 等, 2014. 棉花秸秆利用现状与还田潜力分析研究 [J]. 山东农业大学学报 (自然科学版), 60 (2): 310-315.

王喜, 梁流涛, 陈常优, 2015. 不同类型农民参与耕地保护意愿差异分析: 以河南省传统农区周口市为例 [J]. 干旱区资源与环境 (8): 52-56.

王亚静, 毕于运, 高春雨, 2010. 中国秸秆资源可收集利用量及其适宜性评价 [J]. 中国农业科学, 43 (9): 1852-1859.

王志伟, 白炜, 师新广, 等, 2007. 农作物秸秆气化发电系统经济性分析 [J]. 可再生能源, 25 (6): 25-28.

肖丽霞, 解庆友, 郑建渠, 等, 2005. 稻麦双套不同秸秆还田方式对作物产量及土壤肥力的影响 [J]. 上海农业科技 (6): 59-61.

谢光辉, 韩东倩, 王晓玉, 等, 2011. 中国禾谷类大田作物收获指数和秸秆系数 [J]. 中国农业大学学报, 16 (1): 1-8, 9-17.

邢红, 赵媛, 王宜强, 2015. 江苏省南通市农村生物质能资源潜力估算及地区分布 [J]. 生态学报, 35 (10): 1-14.

雄鹰, 王克林, 蓝万炼, 等, 2004. 洞庭湖区湿地恢复的生态补偿效应评估 [J]. 地理学报, 59 (5): 772-780.

熊兴, 2015. 中国的国际能源安全风险及其化解 [J]. 社会主义研究 (6): 155-163.

徐大伟, 常亮, 侯铁珊, 等, 2012. 基于 WTP 和 WTA 的流域生态补偿标准测算: 以辽河为例 [J]. 资源科学 (7): 1354-1361.

徐蒋来, 胡乃娟, 朱利群, 2016. 周年秸秆还田量对麦田土壤养分及产量的影响 [J]. 麦类作物学报, 36 (2): 215-222.

许洁，刘姝娜，姜洋，等，2015. 中国生物质成型燃料产业政策与执行效果分析 [J]. 新能源进展，3（6）：477-484.

薛宇燕，李永梅，王自林，等，2011. 稻草编织物覆盖对坡耕地水土流失及玉米产量的影响 [J]. 中国农学通报，27（21）：192-198.

闫庆悦，李臻，2011. 中国生物质能发电的费用分摊机制 [J]. 经济管理，33（2）：1-6.

闫一凡，王洪亮，吴大付，等，2012. 玉米秸秆还田对土壤肥力的影响 [J]. 河南科技学院学报，40（2）：14-17.

杨丽韫，甄霖，吴松涛，2010. 我国生态补偿主客体界定与标准核算方法分析 [J]. 生态环境（1）：298-302.

杨旭，高梅香，张雪萍，等，2017. 秸秆还田对耕作黑土中小型土壤动物群落的影响 [J/OL]. 生态学报（7）. http://www.cnki.net/kcms/detail/11.2031.q.20160830.0959.030.

余延丰，熊桂云，张继铭，等，2008. 秸秆还田对作物产量和土壤肥力的影响 [J]. 湖北农业科学，47（2）：169-171.

虞锡君，2007. 构建太湖流域水生态补偿机制探讨 [J]. 农业经济问题（9）：56-59.

张诚谦，1987. 论可更新资源的有偿利用 [J]. 农业现代化研究，6（5）：18-24.

张电学，韩志卿，刘薇，等，2005. 不同促腐条件下玉米秸秆直接还田的生物学效应研究 [J]. 植物营养与肥料学报，11（6）：742-749.

张广才，1989. 秸秆连年直接还田的方法和效果 [J]. 湖北农业科学（2）：21-22.

张静，温晓霞，廖允成，等，2010. 不同玉米秸秆还田量对土壤肥力及冬小麦产量的影响 [J]. 植物营养与肥料学报，16（3）：612-619.

张卫杰，关海滨，姜建国，等，2009. 我国秸秆发电技术的应用及前景 [J]. 农机化研究，31（5）：10-13.

张文彬，李国平，2015. 生态保护能力异质性、信号发送与生态补偿激励：以国家重点生态功能区转移支付为例 [J]. 中国地质大学学报（3）：19-27.

赵洱崒，刘平阔，2013. 固定电价与可再生能源配额交易的政策效果：基于生物质发电产业 [J]. 工业技术经济, 34 (9)：125-137.

赵浩亮, 张旭, 翟明岭, 2015. 秸秆直燃生物质电厂动态发电成本分析 [J]. 动力工程学报, 35 (5)：412-417.

赵蒙蒙, 姜曼, 周祚万, 2011. 几种农作物秸秆的成分分析 [J]. 材料导报, 25 (8)：122-125.

赵士诚, 曹彩云, 李科江, 等, 2014. 长期秸秆还田对华北潮土肥力、氮库组分及作物产量的影响 [J]. 植物营养与肥料学报 (6)：1441-1449.

赵玉, 张玉, 熊国保, 等, 2018. 区域异质性视角下赣江生态系统服务支付意愿及其价值评估 [J]. 生态学报 (5)：1698-1710.

赵玉, 张玉, 熊国保, 2017. 基于随机效用理论的赣江流域生态补偿支付意愿研究 [J]. 长江流域资源与环境 (7)：1049-1056.

郑雄, 何俊贺, 冼萍, 等, 2013. 南宁市农业生物质资源存量估算与评价 [J]. 南方农业学报, 44 (4)：697-700.

钟瑜, 张胜, 毛显强, 2002. 退田还湖生态补偿机制研究：以鄱阳湖区为案例 [J]. 中国人口·资源与环境, 12 (4)：46-50.

周晨, 丁晓辉, 李国平, 等, 2015. 南水北调中线工程水源区生态补偿标准研究：以生态系统服务价值为视角 [J]. 资源科学 (4)：792-804.

周颖, 尹昌斌, 刘晓燕, 等, 2010. 农民农业清洁生产技术采纳的补偿意愿实证研究：以贵州省黔东南农民调查为例 [J]. 中国农学通报, 26 (24)：477-481.

朱建春, 李荣华, 张增强, 等, 2013. 陕西作物秸秆的时空分布、综合利用现状与机制 [J]. 农业工程学报, 29 (4)：1-9.

朱开伟, 刘贞, 吕指臣, 等, 2015. 中国主要农作物生物质能生态潜力及时空分析 [J]. 中国农业科学, 48 (21)：4285-4301.

朱开伟, 刘贞, 贺良萍, 等, 2016. 中国主要农作物秸秆可新型能源化生态经济总量分析 [J]. 中国农业科学, 49 (19)：3769-3785.

朱开伟, 刘贞, 李佩滢, 等, 2017. 基于土壤功能和粮食安全的后备耕地可能源化秸秆生态总量分析 [J]. 中国科技论坛 (5)：120-127.

朱开伟, 刘贞, 欧训民, 等, 2017. 基于土壤功能的中国主要农作物可能源化秸秆生态潜力分析 [J]. 中国生态农业学报, 25 (2): 276-286.

朱玉芹, 岳玉兰, 2004. 玉米秸秆还田培肥地力研究综述 [J]. 玉米科学, 12 (3): 106-108.

左旭, 毕于运, 王红彦, 等, 2015. 中国棉秆资源量估算及其自然适宜性评价 [J]. 中国人口·资源与环境, 25 (6): 159-166.

左正强, 2011. 农民秸秆处置行为及其影响因素研究: 以江苏省盐城市 264 个农民调查数据为例 [J]. 统计与信息论坛, 26 (11): 109-113.

附 录

附表 1　2030 年低土壤生态最小保留量下各省（自治区、直辖市）可能源化秸秆资源构成及单位秸秆售价

	稻谷/%	小麦/%	玉米/%	豆类/%	薯类/%	棉花/%	花生/%	油菜/%	甘蔗/%	c_i^0/%	$c_{i,x}^*$
北京	1.70	42.73	30.96	1.11	18.39	5.12	0.00	0.00	0.00	61.60	234.37
天津	12.91	58.96	23.42	0.00	3.81	0.91	0.00	0.00	0.00	64.17	246.43
河北	2.60	50.42	0.00	0.75	34.14	3.78	0.03	8.29	0.00	33.42	197.80
山西	0.25	44.11	0.00	0.00	52.97	1.06	0.00	1.61	0.00	29.92	183.97
内蒙古	5.84	9.86	14.17	0.00	69.50	0.61	0.00	0.02	0.00	30.80	179.50
辽宁	36.46	1.08	14.97	3.71	33.91	9.75	0.00	0.11	0.00	39.34	194.99
吉林	29.35	0.20	39.58	6.73	20.43	3.72	0.00	0.00	0.00	37.60	206.75
黑龙江	54.80	3.16	5.14	0.64	36.26	0.00	0.00	0.00	0.00	35.90	198.20
上海	78.93	11.05	0.69	1.70	3.43	0.72	0.00	0.67	2.81	59.67	241.04

	稻谷/%	小麦/%	玉米/%	豆类/%	薯类/%	棉花/%	花生/%	油菜/%	甘蔗/%	c_i^0	$c_{i,x}^*$
江苏	52.72	25.80	0.59	2.04	9.55	1.29	1.01	6.70	0.31	49.62	229.19
浙江	65.10	2.23	0.00	2.80	24.15	0.77	0.00	1.06	3.88	51.41	223.78
安徽	40.34	34.34	0.00	0.00	12.56	1.41	3.66	7.32	0.36	27.91	204.19
福建	38.95	0.17	0.00	1.19	55.73	0.86	0.00	0.01	3.09	42.40	199.11
江西	77.29	0.00	0.00	0.39	14.51	5.24	0.00	0.71	1.86	34.12	200.85
山东	2.27	43.26	9.90	1.04	24.70	4.41	0.05	14.36	0.00	36.95	210.76
河南	7.25	58.66	1.38	0.47	17.64	4.59	0.72	9.05	0.23	27.62	197.94
湖北	55.55	7.18	0.00	1.11	23.13	1.70	1.72	8.75	0.85	31.37	203.83
湖南	69.03	0.11	0.03	0.99	24.61	2.05	0.00	1.59	1.59	29.48	194.76
广东	36.90	0.03	0.00	0.57	36.97	0.00	0.00	0.00	25.53	45.48	227.30
广西	21.71	0.00	0.00	0.00	7.22	1.23	0.00	0.01	69.84	23.39	243.32
海南	20.56	0.00	0.00	0.54	38.68	0.00	0.00	0.00	40.22	31.77	220.73

	稻谷/%	小麦/%	玉米/%	豆类/%	薯类/%	棉花/%	花生/%	油菜/%	甘蔗/%	c_i^0	$c_{i,x}^*$
重庆	27.19	2.08	0.00	0.96	69.34	0.18	0.00	0.01	0.26	27.69	174.65
四川	35.25	6.69	0.00	1.53	53.62	1.20	0.00	0.45	1.27	27.48	180.63
贵州	31.04	0.00	0.00	0.00	66.35	0.22	0.00	0.04	2.34	17.48	165.06
云南	27.28	0.70	0.00	1.95	34.17	1.22	0.00	0.01	34.67	20.61	203.82
西藏	1.42	82.70	1.41	9.51	4.97	0.00	0.00	0.00	0.00	25.45	197.06
陕西	10.45	35.38	0.00	3.28	44.65	1.81	0.00	4.35	0.07	24.20	181.50
甘肃	0.38	14.35	0.00	0.91	81.60	0.07	0.00	2.70	0.00	18.68	160.82
青海	0.00	17.80	1.18	4.11	76.91	0.00	0.00	0.00	0.00	23.15	166.15
宁夏	20.41	17.03	20.82	0.00	41.74	0.00	0.00	0.00	0.00	26.23	186.31
新疆	3.70	28.64	7.74	2.36	4.89	0.20	0.49	51.99	0.00	30.58	242.15

附表 2　2030 年中土壤生态最小保留量下各省（自治区、直辖市）可能源化秸秆资源构成及单位秸秆售价

	稻谷/%	小麦/%	玉米/%	豆类/%	薯类/%	棉花/%	花生/%	油菜/%	甘蔗/%	c_i^0	$c_{i,x}^*$
北京	1.63	52.78	0.00	0.00	39.99	5.60	0.00	0.00	0.00	61.60	221.72
天津	16.71	74.27	0.00	0.00	8.10	0.92	0.00	0.00	0.00	64.17	241.90
河北	2.19	43.72	0.00	0.00	49.57	0.00	0.00	4.52	0.00	33.42	192.64
山西	0.18	7.44	0.00	0.00	91.40	0.98	0.00	0.00	0.00	29.92	167.71
内蒙古	5.35	0.00	0.00	0.00	94.05	0.59	0.00	0.10	0.00	30.80	168.10
辽宁	34.68	0.81	0.00	0.00	54.42	9.98	0.00	0.10	0.00	39.34	185.06
吉林	40.29	0.00	8.57	0.00	45.31	5.83	0.00	0.00	0.00	37.60	191.52
黑龙江	43.69	0.13	0.00	0.00	56.18	0.00	0.00	0.00	0.00	35.90	189.76
上海	82.68	5.63	0.00	0.00	5.60	0.91	0.00	0.70	4.47	59.67	241.22
江苏	54.41	21.72	0.00	0.00	15.11	0.49	0.00	7.79	0.47	49.62	227.99
浙江	54.85	0.82	0.00	0.00	36.64	0.70	0.00	1.02	5.97	51.41	220.54
安徽	33.47	34.92	0.00	0.00	21.54	0.00	0.00	9.40	0.66	27.91	201.07
福建	19.95	0.00	0.00	0.00	75.76	0.00	0.00	0.00	4.29	42.40	192.97
江西	58.89	0.00	0.00	0.00	29.23	8.14	0.00	0.00	3.74	34.12	193.10
山东	2.20	43.00	0.00	0.00	36.89	1.12	0.00	16.80	0.00	36.95	209.71
河南	6.15	57.90	0.00	0.00	24.87	1.15	0.00	9.59	0.34	27.62	198.21

	稻谷/%	小麦/%	玉米/%	豆类/%	薯类/%	棉花/%	花生/%	油菜/%	甘蔗/%	c_i^0	$c_{i,x}^*$
湖北	55.04	0.02	0.00	0.00	34.24	0.46	0.00	8.96	1.27	31.37	199.90
湖南	52.42	0.00	0.00	0.00	41.98	2.24	0.00	0.65	2.70	29.48	187.89
广东	14.73	0.00	0.00	0.00	49.60	0.00	0.00	0.00	35.67	45.48	229.68
广西	5.55	0.00	0.00	0.00	7.60	0.26	0.00	0.00	86.59	23.39	256.21
海南	0.00	0.00	0.00	0.00	47.43	0.00	0.00	0.00	52.57	31.77	226.23
重庆	19.64	0.00	0.00	0.00	80.06	0.00	0.00	0.01	0.29	27.69	170.66
四川	28.43	0.00	0.00	0.00	69.47	0.00	0.00	0.41	1.68	27.48	175.88
贵州	19.66	0.00	0.00	0.00	77.26	0.00	0.00	0.02	3.06	17.48	161.48
云南	13.65	0.00	0.00	4.92	39.56	1.20	0.00	0.01	45.57	20.61	209.69
西藏	0.72	87.27	0.00	0.00	7.09	0.00	0.00	0.00	0.00	25.45	196.29
陕西	11.42	0.00	0.00	0.00	80.36	2.28	0.00	5.81	0.13	24.20	168.22
甘肃	0.29	0.00	0.00	0.00	97.55	0.07	0.00	2.08	0.00	18.68	154.13
青海	0.00	4.34	0.72	0.00	94.94	0.00	0.00	0.00	0.00	23.15	159.19
宁夏	25.31	0.00	15.48	0.00	59.20	0.00	0.00	0.00	0.00	26.23	178.78
新疆	3.92	28.94	0.69	1.08	7.76	0.27	0.00	57.35	0.00	30.58	243.69

附表3 2030年高土壤生态最小保留量下各省（自治区、直辖市）可能源化秸秆资源构成及单位秸秆售价

	稻谷/%	小麦/%	玉米/%	豆类/%	薯类/%	棉花/%	花生/%	油菜/%	甘蔗/%	c_i^0	$c_{i,x}^*$
北京	0.00	10.94	0.00	0.00	89.06	0.00	0.00	0.00	0.00	61.60	207.75
天津	15.09	49.21	0.00	0.00	35.70	0.00	0.00	0.00	0.00	64.17	231.90
河北	0.42	12.66	0.00	0.00	86.92	0.00	0.00	0.00	0.00	33.42	174.64
山西	0.00	0.00	0.00	0.00	100.00	0.00	0.00	0.00	0.00	29.92	165.27
内蒙古	1.08	0.00	0.00	0.00	98.71	0.21	0.00	0.00	0.00	30.80	166.63
辽宁	10.22	0.00	0.00	0.00	84.67	5.09	0.00	0.02	0.00	39.34	177.77
吉林	19.14	0.00	0.00	0.00	75.83	5.02	0.00	0.00	0.00	37.60	179.21
黑龙江	0.00	0.00	0.00	0.00	100.00	0.00	0.00	0.00	0.00	35.90	172.47
上海	73.60	0.00	0.00	0.00	13.72	1.49	0.00	0.60	10.60	59.67	241.81
江苏	50.15	0.00	0.00	0.00	37.56	0.00	0.00	11.14	1.15	49.62	222.52
浙江	0.00	0.00	0.00	0.00	85.06	0.23	0.00	0.62	14.09	51.41	207.46
安徽	0.00	0.00	0.00	0.00	81.69	0.00	0.00	15.55	2.76	27.91	183.30
福建	0.00	0.00	0.00	0.00	94.49	0.00	0.00	0.00	5.51	42.40	186.46
江西	0.00	0.00	0.00	0.00	77.13	13.06	0.00	0.00	9.81	34.12	173.85
山东	1.23	27.07	0.00	0.00	54.69	0.00	0.00	17.01	0.00	36.95	203.92
河南	1.60	45.21	0.00	0.00	43.00	0.00	0.00	9.59	0.60	27.62	192.36

	稻谷/%	小麦/%	玉米/%	豆类/%	薯类/%	棉花/%	花生/%	油菜/%	甘蔗/%	c_i^0	$c_{i,x}^*$
湖北	31.18	0.00	0.00	0.00	60.42	0.00	0.00	6.11	2.28	31.37	188.69
湖南	0.00	0.00	0.00	0.00	92.62	1.41	0.00	0.00	5.97	29.48	170.59
广东	0.00	0.00	0.00	0.00	56.98	0.00	0.00	0.00	43.02	45.48	232.08
广西	0.00	0.00	0.00	0.00	6.48	0.00	0.00	0.00	93.52	23.39	261.91
海南	0.00	0.00	0.00	0.00	45.36	0.00	0.00	0.00	54.64	31.77	228.55
重庆	4.00	0.00	0.00	0.00	95.67	0.00	0.00	0.24	0.33	27.69	164.53
四川	6.32	0.00	0.00	0.00	91.18	0.00	0.00	0.00	2.26	27.48	167.61
贵州	0.00	0.00	0.00	0.00	95.41	0.00	0.00	0.00	4.59	17.48	155.41
云南	0.00	0.00	0.00	0.00	41.60	0.88	0.00	0.00	57.51	20.61	217.81
西藏	0.00	87.65	0.00	0.00	12.35	0.00	0.00	0.00	0.00	25.45	194.46
陕西	0.00	0.00	0.00	0.00	96.97	0.51	0.00	2.36	0.16	24.20	160.91
甘肃	0.06	0.00	0.00	0.00	99.49	0.05	0.00	0.40	0.00	18.68	152.17
青海	0.00	0.00	0.00	0.00	100.00	0.00	0.00	0.00	0.00	23.15	157.11
宁夏	21.71	0.00	0.00	0.00	78.29	0.00	0.00	0.00	0.00	26.23	169.38
新疆	3.40	19.60	0.00	0.00	17.21	0.48	0.00	59.31	0.00	30.58	241.14